Valenzkräfte und Röntgenspektren

Zwei Aufsätze über das Elektronengebäude des Atoms

Von

Dr. W. Kossel
o. Professor an der Universität Kiel

Mit 11 Abbildungen

Verlag von Julius Springer in Berlin 1921

ISBN-13: 978-3-642-98479-2   e-ISBN-13: 978-3-642-99293-3
DOI: 10.1007/978-3-642-99293-3

Alle Rechte,
insbesondere das der Übersetzung in fremde Sprachen, vorbehalten.

Copyright 1921 by Julius Springer in Berlin.

Vorwort.

Die beiden in diesem Buche enthaltenen Aufsätze sind zuerst für die „Naturwissenschaften" geschrieben und dort 1919 und 1920 erschienen. Der erste ist hier bis auf einige kleine Verbesserungen im Text und in Fig. 2 unverändert abgedruckt, der zweite (aus dem Heft „Zur Feier der Entdeckung der Röntgenstrahlen vor fünfundzwanzig Jahren") durch Abbildungen und einige Zusätze erweitert. Die Literaturangaben am Ende der Aufsätze sollen Stellen nachweisen, von denen aus sich in die im Text berührten Fragen weiter eindringen läßt.

München, im Januar 1921.

W. Kossel.

Inhaltsverzeichnis.

                                                                                    Seite

I. Über die physikalische Natur der Valenzkräfte 1

II. Über die Bedeutung der Röntgenstrahlen für die Erforschung des Atombaus 43

   1. Die Bohrsche Atomtheorie 46
   2. Röntgenspektren 49
   3. Erregung der Röntgenlinien. Ihr Seriencharakter . . 53
   4. Beziehungen zwischen den verschiedenen Serien eines Atoms 56
   5. Die Gliederung des Atoms in Elektronenschalen . . . 59
   6. Der Bau der einzelnen Schalen 65

1. Über die physikalische Natur der Valenzkräfte.

1. Unter den physikalischen Erscheinungen standen lange Zeit die Valenzkräfte, die die Chemie annehmen muß, um den Zusammenhalt der Atome zu erklären, unverstanden auf der Seite. Trotzdem die Versuche, sie physikalisch einzuordnen, nahezu so alt sind wie der neuere Atombegriff überhaupt, konnte keiner dauernde und unbestreitbare Vorteile in der Ordnung der chemischen Tatsachen bringen und es blieb das beste, rein beschreibend das Vorhandensein von "Valenzkräften" zu konstatieren und rein empirisch einiges Weitere über die Regelmäßigkeiten ihres Wirkens festzustellen. So ist das Strichschema der Kohlenstoffchemie heute allgemein für den Chemiker das adäquateste Mittel, seine Begriffe zu ordnen und zu entwickeln und hat nur in einem Bereich, wo es gar zu unzureichend ist, dem Gebiet der Komplexverbindungen, dem neuerdings aus der Erfahrung gewonnenen Begriff der Koordinationszahlen die Herrschaft zugestehen müssen. Seitdem *Berzelius*' erster großer Anlauf zu einer physikalischen Theorie mißlang, sind derartige empirische Schemata, einige zu merkende Zahlen und einige mehr oder minder formal genommene Polaritätsbegriffe dem Chemiker genügendes Werkzeug geblieben, um sein ungeheures Gebäude damit aufzubauen. Die strukturellen Prinzipien brauchten mit der Ausdehnung ihrer Anwen-

dungen kaum erweitert zu werden, für ihr Wesen selbst ergab sich aus der ständigen Wiederholung ihrer Brauchbarkeit wenig Neues, die Frage der physikalischen Natur dieser immer wieder aufs neue angewandten Gesetze blieb nahezu völlig stehen und auch von physikalischer Seite blieb es bei gelegentlichen Tastversuchen, etwa von der kinetischen Gastheorie aus. Erst als in den neunziger Jahren die physikalische Atomistik neu auflebte, wandte sich das Interesse sehr rasch auch dieser Seite wieder zu, und seit wir in den letzten Jahren begründete Aussicht haben, in den Bau des Atoms selbst mit physikalischen Vorstellungen einzudringen, ist die Frage nach der Darstellung der chemischen Atomkräfte wiederum im stärksten Fluß. Hierüber soll auf freundliche Aufforderung des Herausgebers der „Naturwissenschaften" dieser Aufsatz einiges berichten.

2. Es kann nicht mehr zweifelhaft sein, daß die definitive Lösung gerade auf *die* physikalischen Kräfte führt, die der älteste Versuch, der von *Berzelius*, im Spiele sah, auf die elektrischen. Die Erscheinungen, die auf diesen Gedanken hinleiten, sind bekannt und so hervorstechend, daß an einem engen Zusammenhang der *elektrochemischen* Erscheinungen mit den Tatsachen der Valenzbetätigung nie mehr gezweifelt werden konnte.

Der Gedanke aber, daß die Valenzkräfte selbst geradezu in elektrostatischen Anziehungen beständen, scheiterte in der öffentlichen Meinung daran, daß er sich nicht *allgemein* durchführen ließ. Je mehr die Verbindungsarten, die ihm hartnäckig widerstrebten, in den Vordergrund der Fortentwicklung traten, desto mehr mußte seine Unzulänglichkeit empfunden werden, und in dem Gedränge des Streits über die für die organische Chemie notwendigen Begriffsbildungen, der die Mitte des vorigen Jahrhunderts erfüllte, versank er schließlich ganz.

Man sah weiterhin die elektrochemischen Ladungen als eine Begleiterscheinung an, die die Valenzbetätigung im anorganischen Gebiet zeige, nahm etwa an, daß die Valenzkräfte gelegentlich imstande seien, statt anderer Atome elektrische Ladungen festzuhalten, verlieh aber dem Begriff der Valenzkräfte einen ganz selbständigen, von physikalischen und insbesondere elektrischen Vorstellungen gänzlich unabhängigen Charakter, der zudem in dem wenigen, worin man ihn genauer auszugestalten hatte, im wesentlichen von den reichen Erfahrungen auf organischem Gebiet bestimmt wurde. So wurde etwa der Begriff der Einzelkraft, der sich dort leicht aufdrängt, vielfach auf anorganisches Gebiet übertragen, und wenn er sich hier als recht unzulänglich erwies, so hat das vielfach den Eindruck hervorgerufen, als ob die anorganische Chemie verwickeltere und undefiniertere Verhältnisse zeige, die dem klaren idealen Verhalten der organischen weit unterlegen sei, in der das Prototyp musterhaften Valenzverhaltens, der Kohlenstoff, herrsche.

3. Diese Auffassung lehnen wir heute ab. Es ist historisch zwar verständlich, daß, solange die einheitliche Auffassung der Gesamtheit der Elemente nicht vorwärts kam, das Verhalten eines einzigen, das durchsichtig zu sein schien, als Vorbild galt. Dennoch kann, wenn man unbefangen abwägt, schon von vornherein gar kein Zweifel sein, wie das Gewicht der anorganischen und der organischen Argumente gegeneinander abzuschätzen ist, wenn es sich darum handelt, hinter die Natur des *allgemeinen* Verhaltens der Elementaratome zu kommen.

Berzelius kannte etwa 54 Elemente, wir nehmen heute 92 chemisch verschiedene Arten von Elementaratomen an. Jede Art von Valenzbetätigung, die man an ihnen beobachtet, ist als ein Fall für sich zu betrachten, dem dasselbe

Gewicht zukommt wie jedem anderen, und da eine Reihe von Atomen mehrerer Valenzstufen fähig ist, besitzen wir etwa zweihundert derartiger Einzelfälle, deren Zusammenhang durch die Gesetzmäßigkeiten des periodischen Systems geregelt wird. *Einer* unter diesen Hunderten von Fällen ist der des vierwertigen Kohlenstoffs und die reiche Anwendbarkeit dieses einen Falles, für den sich viele Tausende von Beispielen finden lassen, darf uns nicht dazu verleiten, ihm ein auch nur ein wenig höheres Gewicht zuzuschreiben als irgendeinem anderen wohl bestätigten, für den man vielleicht nur einzelne Beispiele kennt. Die Begriffe, auf die uns die *ganze Mannigfaltigkeit* der Elemente führt, *die Erfahrungen der anorganischen Chemie müssen uns also bei der Forschung nach dem Wesen der Valenzbetätigung maßgebend sein.*

4. In dieser Mannigfaltigkeit tritt nun *der* Charakter beherrschend hervor, der auf elektrische Vorgänge hinweist. In gesetzmäßigen Zusammenhängen finden sich alle Abstufungen der Valenzfunktion von extremer Polarität bis zu völliger Gleichwertigkeit der Teilnehmer. *Abegg*, der als einer der ersten modernes Versuchsmaterial nach diesen Gesichtspunkten ordnete und mit aller Klarheit den universellen Charakter des polaren Verhaltens für das anorganische Gebiet erkannte, hat für diese Extreme eine sehr zweckmäßige Bezeichnung eingeführt: er nennt sie *heteropolare* und *homöopolare* Valenzbetätigung. Die heteropolare Betätigung überwiegt nicht nur der Zahl der Verbindungsstufen nach, die diesen Charakter tragen, sondern sie entspricht gerade, wie *Abegg* besonders betonte, den schärfsten Valenz*charakteren*. Von ihr an finden sich nun die verschiedensten Zwischenstufen weniger entschieden polaren Aufbaues bis herab zu solchen, bei denen er sich völlig verbirgt. Als Muster solchen homöopolaren Aufbaues

können etwa die Doppelmoleküle der Elementargase dienen, und im Zusammenhang dieser Abstufungen stellt sich die polare Charakterlosigkeit des Kohlenstoffs als ein nahezu singulärer Fall dar. Der gesetzmäßige Valenzverlauf der Nachbarelemente weist ihm von beiden Seiten her Vierwertigkeit zu — indes sollte diese Vierwertigkeit nach Analogie der ihm vorangehenden Elemente positiv sein, nach Analogie der folgenden negativ. Dazu kommt noch, für eine Reihe wichtiger Anwendungen maßgebend, daß auch die maximale Koordinationszahl, d. h. die höchste Zahl der Atome, die sich an eines dieser Art unmittelbar anlagern lassen, bei ihm (und seinen Nachbarn) gleich vier ist. So kommt eine scheinbare Entschiedenheit zustande, die eigentlich dem homöopolaren Charakter fremd ist, und da sich dieselben äußeren Umstände nur noch einmal, nämlich beim Silizium, aber auch nur annähernd, wiederholen, hat der Kohlenstoff eine nahezu einzige Ausnahmestellung, die ihn zwar zu ganz besonderem Reichtum an Verbindungen und Oxydations- und Reduktionsvorgängen von eigenartiger Leichtigkeit befähigt, ihn aber gänzlich ungeeignet macht, zum Wesen der Valenzbetätigung den ersten Eingang finden zu lassen. Wir dürfen freilich hoffen, daß wir später, sobald wir erst an einfacheren Fällen Sicherheit gewonnen haben, aus diesem Fall, in dem die elektrischen Elementarfelder sich nach außenhin meist völlig kompensieren, besonderen Nutzen für das Eindringen in ihre feinere Struktur ziehen werden; — zunächst aber, solange es sich überhaupt nur darum handelt, ob die Valenzkräfte elektrischer Natur sind oder nicht, muß dieser eigenartig komplizierte Fall völlig zurückgestellt werden. Wir haben unsere Aufmerksamkeit zunächst auf das volle periodische System zu richten.

5. Erwägt man diese Sachlage, so erscheint es erstaunlich, daß um so weniger Ausnahmen willen, die zudem nur die Extremfälle einer Stufenleiter unbezweifelbarer Polarität sind, die Berzeliussche Theorie sich nicht zu behaupten vermochte. Hieran war zunächst der historische Umstand schuld, daß bald die Kohlenstoffchemie, in der sich nirgends elektrochemische Erscheinungen als wesentlich aufdrängten, vorwiegend die Kräfte in Anspruch nahm. Vor allem aber war damals für dies Gebiet und ebenso für alle anderen homöopolaren Verbindungen, der Gedanke elektrischer Valenzkräfte nicht etwa bloß nichtssagend, sondern es erschien geradezu als hoffnungslos, etwas damit anzufangen. Wollte man etwa H_2 ähnlich auffassen, wie es sich für KCl von selbst aufdrängte, so mußte man den beiden H-Atomen entgegengesetzte Ladungen zuschreiben, um sie aneinander haften zu lassen. Hierfür war im chemischen Verhalten nicht das mindeste Indizium aufzufinden, und selbst als schließlich die Theorie der elektrolytischen Dissoziation die Ladung, die die Elementaratome annehmen, mit größter Schärfe erkennen und messen ließ, mußte sie alle diese schon vorher als symmetrisch aufgebaut erkannten Körper beiseite stehen lassen und bestätigte so, daß ihre Teilnehmer polar nicht zu unterscheiden sind. Es war also sicher verkehrt, ihnen entgegengesetzte Ladungen zuzuschreiben. *Berzelius* war hier in vielem ohne Zweifel zu weit gegangen. Wie wollte man aber die Bindungskräfte zwischen homöopolaren Atomen elektrisch verstehen, wenn man sie nicht entgegengesetzt aufladen durfte? — Die Hilflosigkeit der elektrischen Theorie diesen Fällen gegenüber, an der sich andauernd nichts änderte, war der Grund, daß man — nach einer Zeit, in der sie dominiert und sich als ordnendes Prinzip glänzend bewährt hatte — ins andere Extrem verfiel und sie gänzlich verwarf.

6. Als *Helmholtz* in seiner berühmten Gedächtnisvorlesung auf *Faraday* die elektrische Valenztheorie aus dem Schlaf eines halben Jahrhunderts wieder erweckte, schuf er auch den Begriff, der dies Problem lösen sollte: den Begriff des elektrischen Bausteins, der klein ist gegen das Atom selbst, den Begriff des *Elektrons*. Er erkannte die Existenz einer elementaren Elektrizitätsmenge bekanntlich aus dem 2. Faradayschen Gesetz, das er so deutete, daß an jeder Valenzeinheit ein elektrisches Elementarquantum auftrete. Nachdem in den neunziger Jahren das Elektron frei beobachtet und festgestellt war, daß seine Masse nur ein kleiner Bruchteil — etwa $1/2000$ — des niedrigsten Atomgewichtes sei, und nachdem man — besonders klar im Zeemaneffekt — erkannt hatte, daß es auch innerhalb des Atoms als Einheit existiert und dieselben Eigenschaften hat, die man frei an ihm beobachtet, ging man sofort daran, sich die Möglichkeit eines Aufbaus des Atoms aus solchen Einheiten klarzumachen und richtete dabei seine Aufmerksamkeit vor allem mit auf die Valenzeigenschaften.

Die prinzipielle Wichtigkeit, die der Begriff des Elektrons gerade für das Problem der homöopolaren elektrischen Bindung hat, liegt darin, daß die elektrischen Kräfte nun nicht mehr notwendig vom Atom als *Ganzem* ausgehend gedacht werden müssen. Die *einzelnen Bausteine* üben bereits bindende Kräfte aufeinander aus, und so ergibt sich die Möglichkeit, daß die Bausteine zweier Atome einander fesseln und so die ganzen Atome zusammenhalten, ohne daß sie die Atome verlassen und damit aufgeladen hätten, oder daß einige Bausteine, symmetrisch angeordnet, eine bindende Brücke zwischen den Atomen bilden. Der allmähliche Übergang von hier zu den nach außen hin polar erscheinenden, in denen also Bausteine entschieden von einem Atom zum anderen übergetreten sind und die

Atome als Ganzes als aufgeladen gelten dürfen, bietet sich weiter mit aller Natürlichkeit.

Als Beispiel führen wir die bisher vollkommenste Lösung eines homöopolaren Modells, das H_2-Molekül von *Bohr*, an. Nach ihm verbindet hier ein System von zwei Elektronen, die um die Verbindungsachse der Atome kreisen, die positiv zurückgebliebenen Atommassen. Hier ist also ein vollkommen symmetrisches und doch rein elektrisch zusammengehaltenes Modell, und es ist ohne weiteres zu erkennen, daß derartige symmetrische Brücken aus den verschiedensten Elektronenzahlen denkbar und so verschiedene Arten homöopolarer Bindungen darstellbar sind.

Bevor wir indes auf dies neueste Modell und was es an Gedanken über die Valenzkräfte anregt, näher eingehen, betrachten wir einige wesentliche Züge aus der Entwicklung der oben erwähnten, mit der Einführung des Elektronenbegriffs einsetzenden Versuche, Atombau und Valenzeigenschaften mit Hilfe von elektrischen Elementarquanten darzustellen.

7. *Statische Modelle.* Da es von vornherein am nächsten liegt, anzunehmen, daß im normalen ruhenden Atom die Elektrizitätsmengen in Ruhe verharren müßten, sind die ersten genauer durchgearbeiteten Modelle sämtlich statisch. Da die Ladung der einzelnen Elektronen negativ ist, muß im Atom ein Quantum positiver Elektrizität vorhanden sein, das die Gesamtladung der Elektronen gerade kompensiert und so das Atom als Ganzes neutral erscheinen läßt. Demnach lag es am nächsten, für das Atominnere eine Konfiguration dieser elektrischen Ladungen entwerfen zu wollen, in der die beweglichen Teile, die Elektronen, Gleichgewichtslagen finden, in denen sie ruhen. Hier besteht aber eine große prinzipielle Schwierigkeit, bei der wir einen Augenblick verweilen wollen, da sie für die Möglichkeit

statischer Modelle ausschlaggebend ist und auch heute noch nicht immer nach ihrem vollen Gewicht bedacht wird.

Es ist nämlich nicht möglich, ein System positiver und negativer Punktladungen anzugeben, das ruhend im Gleichgewicht ist. Um dies zu erkennen, fragen wir uns, welcher Art ein elektrisches Feld sein müßte, in dem ein Elektron in stabilem Gleichgewicht liegen könnte. Hierzu ist nötig, daß jede Verrückung des Elektrons eine Kraft auf das Elektron entstehen läßt, die es in die ursprüngliche Lage zurückzuführen strebt. Ruht also das Elektron in

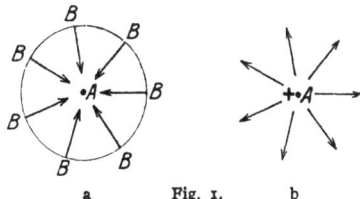

a Fig. 1. b

einem Punkt *A*, so müssen auf allen Wegen, die das Elektron nehmen kann, um von *A* zu entwischen, Punkte *BBB* liegen, in denen elektrische Feldkräfte herrschen, die es in der Richtung auf *A* hin zu bewegen streben. Bezeichnen wir die Kräfte, die das Elektron an einem Punkt erfährt, durch Pfeile, so ist das Bild in einer Ebene das von der ersten Figur (1a) angezeigte. Auf einen *positiven* Probekörper hingegen würden also in *BB*... überall *auswärts* treibende Kräfte ausgeübt werden, und da die Kraft auf einen solchen die Dichte und Richtung der elektrischen Kraftlinien angibt, bemerken wir, daß von *A*, wenn es die stabile Ruhelage eines Elektrons bilden soll, nach *allen* Richtungen elektrische Kraftlinien ausgehen müssen (1b). Das ist aber nur möglich, wenn in *A* selbst eine positive Ladung liegt. Im ladungs*freien* Raum können Kraftlinien nicht entstehen oder verschwinden, ihre Quelle ist stets eine Ladung.

So findet man mitunter die Annahme, ein Elektron könne etwa mitten zwischen zwei gleichen positiven Ladungen im Gleichgewicht liegen. Hier würde allerdings jede Bewegung von ihrer Verbindungslinie weg eine Kraft erwecken, die das Elektron zurücktreibt, für solche Querverrückungen ist die Ruhelage stabil. Jede Bewegung *auf* der Verbindungslinie aber muß das Elektron sofort vollends in das Kraftfeld derjenigen positiven Ladung stürzen lassen, der es sich genähert hat. Hier ist das Gleichgewicht also labil. Jeder derartige Fall, in dem an der angenommenen Ruhelage keine Ladung liegt, unterliegt eben dem besprochenen Gesetz (dessen mathematische Formulierung bekanntlich die Laplacesche Gleichung heißt), daß Kraftlinien, die in bestimmten Richtungen von dieser Ruhelage fortgehen — und also das Elektron in die Ruhelage zurücktreiben —, von anderen Richtungen her an den betrachteten Punkt eingetreten sein müssen — und also ein Elektron, das sich in einer *dieser* Richtungen bewegt, von der angenommenen Ruhelage *weiter* wegziehen.

Da auch eine beliebige Superposition von Feldern an dieser Grundeigenschaft der Quellenfreiheit, die durch die Laplacesche Gleichung ausgedrückt wird, nichts ändert, kann ein Elektron ganz allgemein — einerlei, ob in seiner Lage am Atom oder an der Valenzstelle eines fremden — *nur da in stabiler Ruhelage sein, wo eine positive Ladung liegt.*

8. Demnach steht man, wenn man ein ruhendes Modell entwerfen will, vor der Alternative, entweder die rein elektrostatische Natur des Modells aufzugeben, oder die positive Ladung so aufgebaut zu denken, daß sich das Elektron in ihr aufhalten kann, d. h. sie nicht als punktförmige Ladung zu denken, sondern als einen Nebel positiver Ladungsdichte. Den ersten dieser Wege hat *J. Stark* ver-

folgt, den zweiten, auf den zuerst *W. Thomson* hinwies, *J. J. Thomson*.

J. Stark hat angenommen, daß es Kräfte von uns noch unbekannter Natur gibt, die an den Elektronen angreifen und in Wechselwirkung mit den elektrischen Kräften stabile Gleichgewichtslagen entstehen lassen können. Die außerordentlich lebendige Gestaltung, die er seinen, vielfach ins einzelne ausgeführten Anschauungen zu geben vermochte, hat viel dazu beigetragen, den Gedanken, durch Elektronen Valenz-Kraft-Systeme darzustellen, bekannt und anschaulich zu machen. Systeme unbekannter Kräfte, mit denen man nach Willkür verfahren kann, lassen sich naturgemäß in jedem Einzelfall dem Bedürfnis adaptieren, und so kann man, wenn man um die Stabilität der Ladungen keine Sorge zu tragen braucht, immer Ladungsanordnungen erdenken, die eine Anschauung von den Valenzkräften und den elektrischen und optischen Eigenschaften eines Moleküls geben. Indes fehlt allem diesen das Quantitative und der Zwang gesetzmäßiger Zusammenhänge, der sich doch im periodischen System so unmittelbar als wesentlich aufdrängt.

J. J. Thomsons konkretere Vorstellung, die er insbesondere für den Spezialfall studierte, daß die Dichte der positiven Ladung im Atom *konstant* ist, ergibt demgegenüber bestimmte Folgerungen über das Gleichgewicht der Elektronen und ihre Ablösbarkeit. Dies Modell besitzt bereits bemerkenswerte Analogien mit der Erfahrung. Indes ist die dafür wesentliche Annahme der *positiven Raumladung*, in der die Elektronen schwimmen, durch eine Entdeckung von *Rutherford* vollkommen unmöglich geworden.

Rutherford wies nämlich nach, daß α-Teilchen, die ein Atom durchfliegen, dabei mitunter von Kräften angegriffen werden, die so stark sind, daß sie weder von einem einzelnen Elektron noch von einer positiven Raumladung herrühren können. Sie lassen sich aber mit aller Genauigkeit durch die Annahme wiedergeben, die gesamte *positive Ladung* des Atoms sei in *einem Punkt vereint*. Die Größe dieser positiven Ladung erwies sich nämlich gerade so groß, wie die negative aller Elektronen zusammen, von denen man bereits aus den Tatsachen der Röntgenstrahlenstreuung geschlossen hatte, daß ihre Zahl etwa gleich dem halben Atomgewicht sei. Man muß also unweigerlich *diskrete* Ladungen annehmen, und will man verhüten, daß ein solches System entgegengesetzter, einander anziehender Ladungen in einem Punkt zusammensinkt und so als neutraler, unangreifbarer Punkt für die gewohnten Wirkungen der Außenwelt verschwindet, so bleibt nichts übrig, als das statische Modell zu verlassen und, wie bei den kosmischen Systemen einander anziehender Massen, durch eine ständige Fliehkraft der Vereinigung entgegenzuwirken.

9. Man kommt so zum *dynamischen* Modell. *Rutherford* stellte sich sofort speziell ein Planetensystem vor, in dem die Sonne der positive Punkt ist, der die volle Masse des Atoms enthält und von den Elektronen als Planeten umkreist wird.

Nun ist, da die physikalischen und chemischen Eigenschaften jeder Atomsorte *bestimmt* und, wie wir etwa an der Schärfe der Spektrallinien erkennen, für jedes einzelne Atom einer Art mit großer Genauigkeit *dieselben* sind, jeder Atomart jedenfalls ein ganz *bestimmter* Aufbau zuzuschreiben. Die *Zahl* der Elektronen ist, wie erwähnt, etwa gleich dem halben Atomgewicht oder, wie wir heute nach *v. d. Broek* genauer annehmen, gleich der Nummer des Elements im periodischen System. H ist also das Atom mit einem Elektron, He das mit 2, Li das mit 3 Elektronen..., bis hinauf zu Uran, das 92 Elektronen enthält. Außer der gesamten *Zahl* muß aber auch die *Bahn* jedes Elektrons als Planet eine ganz bestimmte sein. Hier fehlt es zunächst an einem bestimmenden Prinzip, denn die Elektrostatik verlangt, da ihr *Coulomb*sches Gesetz von gleicher Form ist, wie das *Newton*sche der Gravitation, nur allgemein, daß die Bahnen *Kepler*sche Ellipsen sein müssen, modifiziert durch die Störungen der Planeten untereinander. Danach könnten sich die Eigenschaften von Atomen, die gleichviel Elektronen enthalten, also zum selben Element gehören, noch aufs weiteste voneinander unterscheiden. Ja, die klassische Elektrodynamik erlaubt sogar nicht einmal, daß bestimmte Bahnen *bestehen* bleiben, denn ein Elektron, das einen positiven Punkt umkreist, ist ein elektrischer Oszillator, der die in ihm enthaltene Energie allmählich ausstrahlt. Während ein materielles Planetensystem vollkommen stationär ist, muß in einem elektrischen der Planet seine kinetische Energie mehr und mehr verlieren, sich mehr und mehr der Sonne nähern und schließlich in sie hineinstürzen. Man ist also auf das dynamische Modell verwiesen, weil es das einzige ist, das mit den gegebenen Bestandteilen stabiles Gleichgewicht verspricht, aber man versteht nicht, wie es haltbar sein kann.

10. Den Gedanken, der diese Spannung löste und damit das *Rutherford*sche Modell zum leistungsfähigsten aller bisher erdachten erhob, brachte *N. Bohr. Planck* hatte erkannt, daß unsere Erfahrungen über die Wärmestrahlung notwendig in dem Gebiet der raschen elektrischen Schwingungen, zu denen Atome fähig sind, Abweichungen von der klassischen, an langsamen Vorgängen entwickelten Elektrodynamik erfordern. *Bohr* übertrug diese Erkenntnis in origineller Weise so auf das eben

betrachtete Problem, daß die Frage der bestimmten und haltbaren Elektronenbahnen und die Eigentümlichkeiten der Wärmestrahlung durch *eine* Annahme gelöst erscheinen. Er nahm an, die notwendige Abweichung von der gewohnten Elektrodynamik bestehe darin, daß bestimmte Elektronenbahnen (nämlich solche, in denen das Moment der Bewegungsgröße ein ganzzahliges Vielfaches des „Wirkungsquantums" h ist, das *Planck* aus den Gesetzen der Wärmestrahlung herausgeschält hatte) *nicht* strahlen, also stationär erhalten bleiben. So dunkel die Einfügung der Quantenvorgänge in die gewohnten Gesetze noch ist, so unbestreitbar ist ihre Notwendigkeit und so glänzend ist der Erfolg gerade dieses Versuchs. Er hat insbesondere die Grundgesetze der Linienspektren — der eigentümlichen Emissionsweise des einzelnen Elementaratoms, die sich bisher der Theorie völlig unzugänglich erwies — für das ganze Gebiet von Schwingungszahlen, deren das Atom fähig zu sein scheint, vom Ultrarot bis zu den Röntgenlinien, mit einer natürlichen Leichtigkeit und Schärfe ergeben, die das größte Zutrauen erweckt. Es kann kein Zweifel mehr sein, daß das Wirkungsquantum nicht nur die *Vorgänge* am Atom, seinen Energieaustausch, beherrscht, sondern auch geradezu das dimensionierende Prinzip des Atombaus ist.

11. Wir wenden uns nun wieder speziell der Frage zu, was die Vorstellungen, zu denen dies Modell anregt, für die Behandlung der Valenzkräfte zu leisten vermögen. — Wir haben schon oben skizziert, wie *Bohr* die homöopolare Bindung des Wasserstoffmoleküls darstellt, und fügen noch hinzu, daß die quantitative Festlegung der Abstände und Bahngrößen durch den Quantenansatz diesem Molekülmodell Eigenschaften zuschreibt, die mit den beobachteten vielfach übereinstimmen. Daß dabei dennoch Ab-

weichungen und Bedenken im einzelnen bestehen, braucht uns hier nicht zu beschäftigen, denn sie berühren nicht die Möglichkeit, auf die es uns ankommt, ein symmetrisches Gebilde, das nach außen keinerlei Polarität zeigt, aufzubauen. — Die nähere Untersuchung des Valenzverhaltens, und zwar gerade auch des entschieden polaren des Elektronenaustauschs, ist aber auch für die Weiterentwicklung des Modells selbst von Wichtigkeit, denn die Neigung zur Elektronenaufnahme und -abgabe muß auf die Stabilität und den Bau der Atome, mindestens ihrer äußeren Teile, schließen lassen. Den Elektronenaufbau solcher Atome, die *mehrere* Elektronen enthalten, klarzustellen, die Wechselwirkung der Elektronen zu begreifen, in der vielleicht noch Prinzipielles steckt, ist heute eine der dringendsten Aufgaben des Modells, von deren Lösung sich zwar wohl einige Grundzüge schon abzeichnen, die aber noch nirgends mit voller Bestimmtheit gelungen ist, für die man sich also aller Indizien versichern muß, die zu haben sind.

Da das Modell jedenfalls anzunehmen hat, daß die Elektronen eines Atoms stets in regelmäßigen Anordnungen, in denen sie sich das Gleichgewicht halten, ihre Bahnen beschreiben, und da ihre stete Bewegung nach außen hin so wirken muß, als verteile sich ihre Ladung gleichförmig über ihre Bahn, so muß das ganze *Bohr*sche Atom nach außen hin als ein sehr symmetrisches Gebilde wirken, dessen Wirkungen, wenn es Elektronen aufgenommen oder abgegeben hat, in erster Linie von der gesamten Ladung bestimmt werden, die es damit als Ganzes erhielt. Man muß also die Wirkung solcher Ladungsaufnahmen bereits mit hoher Annäherung unter der Annahme untersuchen können, daß die Ladungen völlig isotrop verteilt sind, d. h. daß die resultierende Ladung in den Mittelpunkt fällt.

Eine solche Annahme stellt also eine besonders einfache elektrostatische Valenztheorie der heteropolaren Verbindungen dar, an deren Prüfung deswegen gelegen ist, weil sie, wie wir eben zeigten, gerade das brauchbarste aller bisher gegebenen Atommodelle, das allen anderen an Leistungen weit voransteht, mit umfaßt.

Hier soll ihre Anwendung nur an einigen der wichtigsten Fälle, einigen der geläufigsten Verbindungsarten, erläutert werden.

Der Vorgang der Bindung von Atomen, die einzeln gegeben sind, zu einer polaren Verbindung ist danach in zwei Stufen zu betrachten: die erste ist der Elektronenaustausch, der sie auflädt, die zweite die Aneinanderlagerung der Ionen und die für die verschiedenen Arten, sie zu trennen, notwendige Arbeit, von der die Eigenschaften der Verbindung bestimmt werden.

12. Wir betrachten zunächst die Bedeutung des regelmäßigen Verlaufs der polaren Valenzbetätigung im periodischen System. In einem rechtwinkligen Koordinatensystem tragen wir (Fig. 2) als Abszisse die Nummer des Elements auf, als Ordinate die Zahl von Elektronen, die es enthält. Für den neutralen Zustand ist diese Zahl, wie wir eben sagten, der Nummer des Elements gleich. Der Gesamtverlauf des Elektronengehalts wird also durch eine unter $45°$ ansteigende Gerade dargestellt. Dieser Normalzustand jedes Elementaratoms ist jeweils durch ein leeres Kreischen dargestellt.

Betrachten wir nun ein Element, bei dem wir in der Elektrolyse direkt beobachten können, welche Ladung es bei seiner Valenzbetätigung annimmt, etwa das Kalium. Wir wissen, daß es dort mit einer positiven Ladung von einer elementaren Einheit auftritt; das Kaliumion hat also eins von den Elektronen verloren, die das Kaliumatom besitzt. Wir bezeichnen Richtung und Größe dieser charakteristischen Valenzbetätigung in unserer Figur dadurch, daß wir vom Normalzustand einen Pfeil abwärts zeichnen

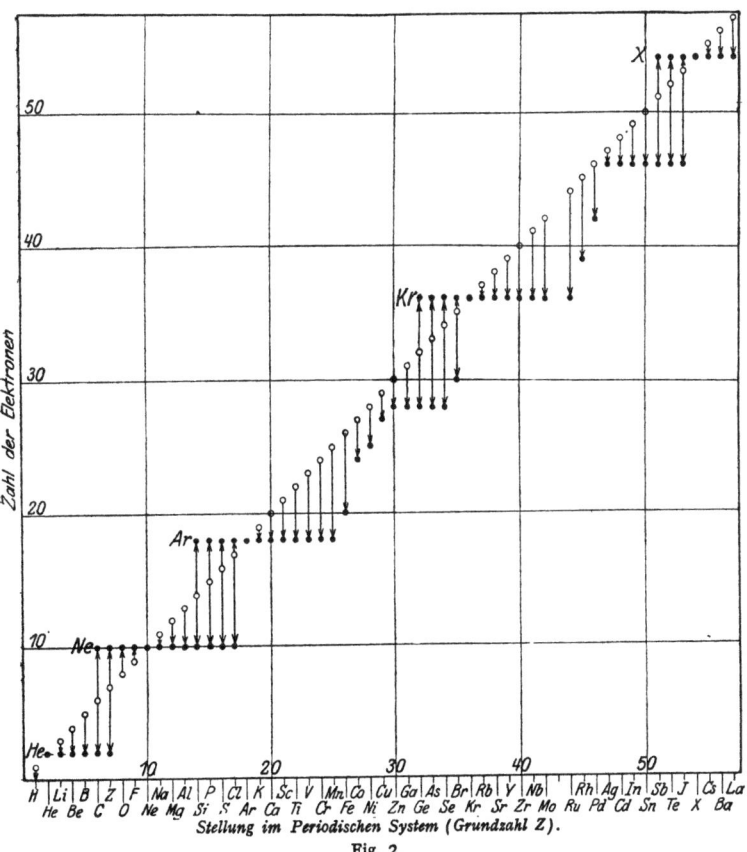

Fig. 2.

und den Elektronengehalt des Kaliumions mit einem schwarzen Punkt bezeichnen. Das K-Atom enthält 19, das K^+-Ion 18 Elektronen. In gleicher Weise ermitteln wir den Elektronengehalt des folgenden Elements, des Ca, als Ion; das Ca-Atom enthält 20 Elektronen, erscheint in der Elektrolyse als zweiwertiges Kation, wir haben also den Gehalt für das Ion zwei Einheiten niedriger als den für das Atom, auf 18, einzuzeichnen. Gehen wir vom Kalium rückwärts, so stoßen wir auf Argon, das von Natur 18 Elektronen hat — also so viele, wie die beiden betrachteten Elemente in ihrer Valenzbetätigung annehmen — und das *chemisch vollkommen inaktiv ist*, also gar keine Neigung zeigt, von diesem Elektronengehalt abzugehen. Wieder um einen Schritt zurück treffen wir das Cl, das elektrochemisch wieder einen ganz ausgesprochenen Charakter hat. Dieser Charakter ist aber entgegengesetzt dem der früher betrachteten Elemente, das Element ist negativ, in der Elektrolyse einwertiges Anion, trägt dort also ein Elektron *mehr*, als seinem neutralen Zustande entspricht. Demnach ist der Pfeil, der dies Verhalten kennzeichnet, nunmehr aufwärts zu zeichnen und, da das Atom 17 Elektronen enthält, für das Ion wieder ein Gehalt von 18 Elektronen anzugeben. Gehen wir nun nochmals einen Schritt zurück, zum Schwefel, und ermitteln wir den Elektronengehalt des S^{--}-Ions, so erhalten wir wiederum 18. Fassen wir zusammen, so findet sich, *daß die Elemente stark polaren Charakters, die ein Edelgas umgeben, in ihrer Elektrovalenzbetätigung stets die Elektronenzahl dieses Edelgases erreichen.*

13. Ehe wir die Bedeutung dieses Ergebnisses für die Theorie der Valenzkräfte untersuchen, orientieren wir uns noch darüber, wie weit es sich ausdehnen läßt. Daß die übrigen im periodischen System jeweils in der Nähe eines Edelgases stehenden Elemente sich ebenso verhalten, wie die hier betrachtete Gruppe, erkennen wir ohne weiteres daraus, daß gerade hier die Elemente analoger Stellung, etwa die Alkalien, in der Elektrovalenz völlig übereinstimmen. Ebenso wie für die Elemente um Argon, gilt der

Satz also etwa für die von Sauerstoff bis Magnesium, die den Zustand des Neons anstreben, indem sie jeweils einen Gehalt von 10 annehmen. Hier deutet sich nun schon an einem geläufigen Beispiel an, daß das Gesetz noch weiter auszudehnen ist, das auf Mg folgende 13. Element Al ist als Kation dreiwertig, verliert also drei Elektronen, geht ebenfalls auf die Zahl des Neons zurück. Indes wird die *Beobachtung* dieses Falles schon durch Hydrolyse schwieriger gemacht, und beim folgenden Element, Si, hat die Bildung *wahrnehmbarer* Mengen freier elementarer Kationen wiederum aufgehört.

Während so die unmittelbare Beobachtbarkeit der Elektrovalenz untergeht, setzen die maximalen Hauptvalenz-Wertigkeitsstufen das gesetzmäßige Ansteigen von Element zu Element, das bei den Alkalimetallen einsetzt und mit der Elektrovalenz übereinstimmt, hier bekanntlich noch weiter fort; für diese kommt etwa als ganze Reihe folgendes zustande·

die Halogenide: NaCl MgCl$_2$ AlCl$_3$ SiCl$_4$ PCl$_5$ SF$_6$ —
die Oxyde: Na$_2$O MgO Al$_2$O$_3$ SiO$_2$ P$_2$O$_5$ SO$_3$ Cl$_2$O$_7$.

Wir nehmen nun an, daß alle Glieder dieser in sich zusammenhängenden Reihe gleicher Art sind, daß also die polare Konstitution, die sich in den ersten Gliedern durch Ionenbildung klar verrät, ihnen allen zukommt — eine Annahme, die uns freilich dazu verpflichtet, später zu begründen, warum die höherwertigen Mitglieder in Wasser weniger und weniger als freie Ionen auftreten. Es soll also *jedes* Halogenatom in diesen Verbindungen ein fremdes Elektron, jedes Sauerstoffatom zwei aufgenommen haben. Diese Elektronen muß jeweils der positive Teilnehmer der Verbindung hergegeben haben; ebenso wie die ersten Glieder der Reihe die Ionen Na$^+$, Mg^{++}, Al^{+++} abgeben, sollen die folgenden die Ionen Si^{++++}, P^{+++++}, S^{++++++} und $Cl^{+++++++}$ in sich enthalten. Tragen wir diese Elektronenabgabe auf unsere Tafel ein, so zeigt sich, daß auch diese Elemente in ihrer Valenzfunktion vom Beispiel des Neons beherrscht werden.

Man erkennt ohne weiteres, daß man in ganz analoger Schlußweise die Reihe der negativen Ionenbildner vor dem Edelgas bis zum vierwertigen Kohlenstoff auszudehnen hat, indem man etwa von den ionenbildenden Wasserstoffverbindungen HF, H_2O zu den gesetzmäßig anschließenden NH_3, CH_4 fortgeht. Die von Neon beherrschte Reihe erstreckt sich demnach von C bis Cl, d. h. über 12 Elemente. Analog beherrscht das Argon die maximalen Valenzfunktionen vom Silicium bis zum Mangan, das Krypton von Germanium bis zum positiv 8-wertigen Ruthenium (RuO_4), d. h. sogar einen Bereich von 13 Stellen. Analoges gilt für Xenon und die Emanationen.

Die Zeichnung, die die maximalen Valenzfunktionen der Elemente bis zum Lanthan in der eben entwickelten Weise darstellt, läßt erkennen, daß neben den Elektronenzahlen der Edelgase noch andere als stabil hervortreten — sie geben zu den sogenannten „Nebenreihen" des periodischen Systems Anlaß —, daß indes allein die Edelgasformen so ausgezeichnet stabil sind, daß sie zur *Aufnahme* von Elektronen, d. h. zu negativer Funktion, Anlaß geben. Wir beschränken uns hier in unseren Beispielen auf diesen hervortretendsten Fall.

14. Wir haben also die — auf den ersten Blick etwas erstaunliche — Tatsache, daß eine große Reihe von Elementen und unter ihnen vor allem die chemisch aktivsten, wie Alkalien und Halogene, um sich bindend zu betätigen, zunächst eine Form annehmen, die sie den trägsten aller Elemente möglichst ähnlich macht.

Damit ist einerseits für das Modell eine Angabe über Elektronenstabilität gewonnen, derart, wie wir sie oben als wünschenswert bezeichneten. Offenbar ist die Elektronenkonfiguration dieser Elemente, die die erstrebenswerte Elektronenzahl schon von selbst besitzen und sich darum in keiner Weise darauf einlassen, sie zu verändern, von besonders hoher Stabilität. Diese Eigentümlichkeit der ausgezeichneten Elektronenzahlen abzuleiten, ist eine Aufgabe, die zur Ausbildung des speziellen Atommodells gehört. Indes genügt die Tatsache, um weiter Wesentliches für die Valenzkräfte zu entwickeln.

Andererseits wird nämlich der Betrachtung der bindenden Kräfte durch dies Ergebnis die größte Einfachheit auferlegt. Es geht nicht mehr an, etwa bei den verschiedenen Mitgliedern einer solchen von *einem* Prototyp beherrschten Reihe, wie die angeführte von C bis Cl, in den einander entsprechenden Verbindungen, in denen sie das verschiedenartigste Bindevermögen äußern, wesentlich verschiedene Elektronenanordnungen vorauszusetzen. Alle besitzen *dieselbe* Elektronenzahl, in einer Weise angeordnet, die besonders stabil ist, also vermutlich in allen diesen Fällen übereinstimmt. Zudem ist das Vorbild der erstrebten Elektronenanordnung nicht etwa ein besonders bindungsfähiges Element, sondern ein Edelgas, d. h. ein Atom, das seinerseits keine bindenden Kräfte ausübt, dessen Elektronenkonfiguration deshalb von vornherein als isotrop und abgeschlossen zu gelten hat. Diese Elektronenanordnung des Edelgases und der nach ihm gebildeten Ionen ist auf jeden Fall maßgebend für die *Abstoßungen*, die die Atome aufeinander ausüben, wenn man sie einander stark nähert. Diese Abstoßungen der einander nahekommenden Teile der äußeren Elektronenwolken der Atome definieren die undurchdringliche Oberfläche des

Atoms. Diese scheinbare Atomoberfläche, die der Wirkung der anziehenden Kräfte ein Ziel setzt, kann demnach ebenfalls keine besonders unregelmäßige Gestalt haben. Für das Folgende kann sie mit ausreichender Annäherung durch eine Kugelfläche wiedergegeben werden.

Es bleibt demnach nur übrig, für das gesetzmäßig sich ändernde Bindevermögen die gesetzmäßig sich *ändernde* Kernladung verantwortlich zu machen, die zusammen mit der *gleich*bleibenden Zahl der Elektronen den Atomen eine gesetzmäßig sich ändernde *Gesamtladung* verleiht. Auf diese Gesamtladung ist die gesamte Fähigkeit, heteropolare Moleküle zu bilden, zurückzuführen. Das eine Atom der Reihe, bei dem die Gesamtladung verschwindet, das Edelgas, äußert dementsprechend keine Neigung, Moleküle zu bilden. Kann aber die einfache Änderung der Ladung bei den übrigen die reiche Verschiedenheit hervorbringen, die sie in der Molekülbildung zeigen?

Diese Frage ist leicht zu beantworten; die Eigenschaften so einfacher Atommodelle — zentrale Ladung in undurchdringlicher Kugel — lassen sich ohne weiteres übersehen und wenn nötig rechnerisch verfolgen.

15. Zunächst fällt ins Auge, daß die Anziehungskräfte, die die im Mittelpunkt liegende Ladung um ein solches Atom entstehen läßt, völlig isotrop verteilt sind. Widerspricht das nicht dem tatsächlichen Verhalten? — Man ist gewohnt, das Valenzverhalten mittels eines Schemas von Bindestrichen darzustellen, das den Eindruck erweckt, als seien gerichtete Einzelkräfte zwischen den Atomen tätig.

In dem, was diese Valenzstriche ausdrücken können, muß man sorgfältig zwei Punkte unterscheiden. Sie drücken vor allem einen rein *zahlen*mäßigen Zusammenhang aus. Man hat die Erfahrung gemacht, daß die Atome der verschiedenen Elemente sich vorzugsweise in ganz bestimmten *Zahlen*verhältnissen miteinander zu Molekülen zusammenschließen. Jedes Atom geht hier mit einer oder der anderen charakteristischen Zahlenstufe ein. Drückt man diese „Wertigkeit" dadurch aus, daß man von dem Atomsymbol eine entsprechende Anzahl von Strichen ausgehen läßt, so läßt sich die Erfüllung der zahlenmäßigen Gesetzmäßigkeit innerhalb des Moleküls sehr bequem graphisch übersehen.

Dieser Gebrauch hat aber nun weiter zur Folge, daß diese Zahlensymbole leicht als Abbilder *einzelner Kräfte* aufgefaßt werden, die vom Atom ausgehen. Damit führt man aber etwas Neues ein, was in der grundlegenden Erfahrung, daß die Atome sich vorzugsweise in bestimmten gesetzmäßigen Anzahlen zu Molekülen zusammenfinden, noch gar nicht steckt. Diese Erfahrung weiß nur von Zahlen, nicht von Kräften. Da aber der Wunsch, Kräfte im Spiel zu sehen, naturgemäß lebhaft und gerade die Einzelkraftdarstellung sehr anschaulich ist, hat man ihre geringe Leistungsfähigkeit gerne etwas übersehen. Tatsächlich gibt es aber in der anorganischen Chemie wesentliche Gebiete, auf denen das Schema der festen Strichzahl nicht ausreicht; die Atome zeigen also häufig bindende Kräfte, die nicht zu der Zahl der als fest angenommenen Einzelkräfte gehören.

16. Die „*Komplexverbindungen*" nämlich können immer als die Aneinanderlagerungen ganzer Moleküle angesehen werden, deren Atome ihr gesamtes Bindevermögen schon innerhalb der einzelnen Moleküle erschöpft haben sollten. Das geläufigste Beispiel sind wohl die Verbindungen des *Ammoniums*. Stickstoff ist gegen Wasserstoff, wenn er ihm allein gegenübersteht, dreiwertig, bildet Ammoniak NH_3. Dieses nach dem Strichschema gesättigte Molekül bildet mit HCl, für den dasselbe gilt, den Salmiak NH_4Cl;

aus der Konstitutionsbestimmung ist zu schließen, daß nun auch der vierte Wasserstoff unmittelbar am N hängt:

$$\begin{bmatrix} H & H \\ & N & \\ H & H \end{bmatrix} Cl$$

und diese Bindung ist so fest und ausgesprochen, daß der Teil $[NH_4]^+$ sowohl in der Elektrolyse als einheitliches Kation auftritt, als auch in einer wohlausgebildeten Reihe von Verbindungen als „Ammonium" die Rolle einer Einheit von der Funktion eines Metalls spielt. Sie versetzt aber die Einzelkrafttheorie in vollkommene Hilflosigkeit — gerade an diesem klassischen Beispiel ist alles versucht worden, was nur möglich schien, um mit ihr eine passende Konstitution zu erhalten —, im Erfolg muß man dabei bleiben, wenn man schon mit Einzelkräften operieren will, die Erweckung einer neuen besonderen Einzelkraft anzunehmen, die man etwa durch einen punktierten Strich andeutet:

$$N \begin{matrix} \diagup H \\ \diagup H \\ - H \end{matrix}$$
$$H - Cl$$

Diesem neuen Bindevermögen des N, das man als „Nebenvalenz"äußerung von der „Hauptvalenz" 3 unterscheidet, ist es eigentümlich, daß es nicht auf weitere Einzelatome wirkt, sondern nur *Teilnehmer anderer Moleküle* faßt. Auf diese Bedingung deutete der Name „Molekülverbindungen" hin, der mit dem Gedanken verbunden war, daß ganze Moleküle ebenso spezifische Valenzkräfte besäßen, wie einzelne Atome. Der heute gebräuchlichere Name „Komplexverbindungen" betont mehr die inzwischen erkannte typische Tatsache, daß das eine Molekül jeweils *einen Teil* der Atome des anderen in eine enger verbundene

Gruppe, den *Komplex*, hineinzunehmen pflegt, der als Ganzes, etwa als Ion, agiert — wie hier $(NH_4)^+$.
Diese Art der Bindung ist nicht auf einzelne Atomarten beschränkt: statt am H, kann man den HCl auch am Cl an ein fremdes Molekül anlagern: er bildet etwa

$$HCl + AuCl_3 = H[AuCl_4]$$

(ein polares Spiegelbild des Salmiaks) und

$$2\,HCl + PtCl_4 = H_2[PtCl_6],$$

Körper, in denen nun $(AuCl_4)^-$ und $(PtCl_6)^{--}$ als Ganzes (als Komplex) fungieren, von dem H^+-Ionen abfallen, die also Säuren sind. Ihrem Verhalten nach sind diese Säuren enge Analoga der Sauerstoffsäuren — etwa $H_2[SO_4]$ —, die sich nach dem strengen Einzelvalenzschema schreiben lassen. Dem tatsächlichen Aufbau nach spielen Halogenatome die Rolle, die dort der Sauerstoff hat, die Einzelvalenzauffassung vermag diese Rolle aber nur beim zweiwertigen Element wiederzugeben:

$$\begin{array}{c} O \diagdown \quad \diagup O-H \\ \quad S \\ O \diagup \quad \diagdown O-H \end{array}$$

beim einwertigen versagt sie:

$$\begin{array}{c} Cl \diagdown \quad \diagup Cl-H \\ Cl- Pt -Cl \\ Cl \diagup \quad \diagdown Cl-H \end{array}$$

Durch die weite Verbreitung dieser Art von Bindungsvermögen unter den Elementen im ganzen periodischen System wird man aufs deutlichste darauf hingewiesen, daß man mit einer Deutung der Zahlengesetze der Valenz durch Einzelkräfte in die Irre gehen würde. Die Zahlengesetze sind vorhanden, aber sie beschränken das Bindevermögen nicht in dem Umfange, wie es ihre Deutung durch Einzelkräfte nötig machen würde. Es ist nötig, das Bindevermögen ganz unbefangen von solchen Vorstellungen zu betrachten, und es ist von *A. Werner*, dem wir für die Klärung der Komplexverbindungen außerordentlich viel verdanken, besonders betont worden, daß das chemische Verhalten viel mehr auf ein nach allen Seiten gleichmäßig verteiltes Anziehungsvermögen der Atome hinweist, als auf gerichtete Einzelkräfte.

17. Damit sind wir aber wieder bei den Eigenschaften des Modells angelangt. Seine Eigenschaften in den eben besprochenen Punkten sind vollständig definiert.

Zunächst ist jedem in einer polaren Verbindung tätigen Atom eine *Zahlen*größe eigentümlich, nämlich die Höhe der Ladung, die es angenommen hat und die (nach dem 2. Faradayschen Gesetz) mit seiner Hauptvalenzzahl übereinstimmt. Die Rolle, die diese Zahl, als „Hauptvalenzzahl", für das Bindevermögen zu spielen scheint, erklärt sich daraus, daß zur Bildung eines neutralen Moleküls jeweils die Ladungen beiderlei Vorzeichen in gleichen Beträgen vorhanden sein müssen, so daß positive und negative „Valenzen" sich scheinbar gegenseitig „absättigen". Ist nur dies (die Neutralität zu verbürgen) der Sinn dieser Zahlen für das Bindevermögen, so können sie natürlich kein Hindernis dafür bilden, daß Moleküle, die bereits als Ganze neutral sind, wie NH_3 und HCl, sich nochmals zu einem neuen neutralen Molekül, NH_4Cl, zusammenlagern. Die Auffassung dieser Zahlengröße als Ladung leistet also genau so viel wie nötig und führt keine ungehörige Begrenzung ein. Wir betonten vorhin, daß die Hauptvalenz ihrem Ursprung nach eine rein *zahlenmäßige* Feststellung enthält, — dem entspricht es, daß sie, im 2. Faradayschen Gesetz und erweitert in unserer Vorstellung, rein den Sinn hat, die *Zahl* der aufgenommenen oder abgegebenen Elektronen anzugeben.

Die *Kräfte* hängen mit diesen Zahlengrößen nun ganz anders zusammen als in der Einzelkrafttheorie. Sie sind in ihrem Wirken nicht begrenzt — denn jedes geladene Atom, sei es auch nur einfach aufgeladen, wie die einwertigen Ionen, übt auf *jede* andere Ladung Kräfte aus. Es ist also keine Schwierigkeit mehr, wenn ein Teilnehmer eines als Ganzes neutralen Moleküls mitunter einen Teilnehmer eines anderen zu fesseln vermag. Hingegen bestimmt die Höhe der Aufladung, also die Valenzzahl, nun etwas Neues an den Kräften, worauf die bisherigen Valenztheorien kaum eingehen konnten, nämlich die *Größe* der Kraft, die ein Atom auf ein bestimmtes anderes auszuüben vermag, und die Arbeit, die nötig ist, die beiden zu trennen. Diese Arbeit bestimmt aber nach bekannten statistischen Prinzipien die Häufigkeit der Trennungen, d. h. den Dissoziationsgrad der betreffenden Bindung, und man erkennt, daß nach unseren Prinzipien etwa *die Fähigkeit einer Verbindung, Ionen zu liefern*, in ganz bestimmter Weise von *der Wertigkeit der beteiligten Atome abhängen* muß. Durchschreitet man etwa Reihen analoger Verbindungen, in denen die Wertigkeiten von Schritt zu Schritt in bestimmter Weise sich ändern, so ändern sich, da die Wertigkeiten Ladungen bezeichnen, auch die elektrostatischen Kräfte, die die an den Verbindungen teilnehmenden Atome aufeinander ausüben — der Zusammenhalt des Moleküls, etwa seine Fähigkeit, diese oder jene Ionen abzugeben, ändert sich gesetzmäßig.

Die elektrostatische Auffassung ordnet also ihre Begriffe vielfach anders als die Einzelkrafttheorie. Sie ist nicht etwa unbestimmter als diese, wie es zunächst scheinen könnte, sondern gerade in dem, was sie neu behandelt, der Betrachtung der Kräfte, völlig festgelegt. Die Einfachheit des Atommodells, mit dem man zunächst an die entschieden polaren Verbindungen herangehen darf, ergibt in Verbindung mit den Gesetzen der Elektrostatik ganz bestimmte Aussagen, und der Zwang, diese Gesetze unverbrüchlich zu befolgen — der naturgemäß *jede* Anwendung einer bestimmten physikalischen Theorie auszeichnet —, führt zu bestimmter Prüfung an der Erfahrung. Wir greifen hiervon die Behandlung zweier allgemein bekannter und wichtiger Verbindungsklassen heraus: der Komplexverbindungen und der Hydroxyde als Basen und Säuren.

18. Für die *Komplexverbindungen* ist, wie erwähnt, charakteristisch, daß die Teilnehmer eines valenzchemisch gesättigten Moleküls noch Kräfte auf Teilnehmer eines anderen ausüben, obwohl sie keine weiteren Einzelatome sich anzugliedern vermögen. Nach der Annahme, daß die Teilnehmer polarer Moleküle Ionen sind, ist dies selbstverständlich, denn jedes Ion muß auf jedes andere Kräfte ausüben, während ungeladene Einzelatome ihm in dieser Beziehung gleichgültig sind. Es müssen also *beide* Moleküle polar aufgebaut sein, NH_3 lagert zwar ein H aus der polaren HCl an, das als Ion anzusehen ist, vermag aber die Teilnehmer des homöopolaren H_2 nicht zu fassen.

Es fragt sich also weiter, ob denn bei der Komplexbildung tatsächlich Atome sich aneinanderlagern, die wir als *entgegengesetzt* geladene Ionen anzusehen haben, so daß sie sich anziehen? — Auch dies ist allgemein erfüllt, denn es gilt die Regel, daß ein Atom bei der Komplexbildung stets Atome anlagert, die denen wesensgleich sind, mit denen es schon — in normaler Valenzbetätigung — verbunden ist. Da diese nun stets polar entgegengesetzter Art, ihm entgegengesetzt geladen sind, faßt es also auch in der Nebenvalenzbetätigung entgegengesetzt geladene. Das Gold des schon erwähnten Goldchlorids etwa, das wir als dreifach positiv mit drei einfach negativen Chloratomen verbunden zu denken haben:

Fig. 3.

lagert in Komplexbildung lediglich Atome negativen Charakters an, etwa ein Cl^--Ion aus dem Chlorwasserstoff:

$$AuCl_3 + HCl = [AuCl_4]^- + H^+,$$

das von dem positiven Metallatom ebensogut angezogen wird wie die drei schon vorhandenen:

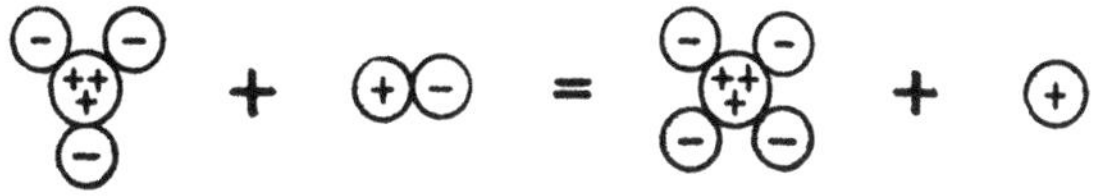

Fig. 4.

Damit kommen wir letztens zur *Größe* der Kräfte. Warum fesselt etwa das Goldatom des Goldtrichlorids das Chlorion der Salzsäure so fest an sich, daß dies lieber das Wasserstoffion, zu dem es doch gehört, fahren läßt und mit jenem das komplexe Anion $[AuCl_4]$ bildet? — Die Antwort, die das Ladungsschema nahelegt, ist: weil das Gold dreifach geladen ist, der Wasserstoff nur einfach. Die Ausdrücke, die Kraft und Arbeit für die Bindung eines negativen Ions an das Gold bemessen, sind dreimal so groß, wie die für die Bindung an ein einfach positives Atom. — Hiernach sollen solche Atome besonders befähigt sein, als Kern (wie hier Au) einen Komplex zu bilden, die große elektrostatische Kräfte auf nahe Atome auszuüben imstande sind, also solche, die hohe Ladungen annehmen, d. i. hochwertig fungieren, und solche, die andere nahe heranzulassen imstande sind,

d. h. solche kleinen Volumens. Gerade Elemente, die sich in einer von diesen beiden Eigenschaften oder gar beiden zugleich auszeichnen, sind aber nach der Erfahrung Komplexbildner.

Man erkennt ohne weiteres, wie hiernach die Komplexverbindungen zu systematisieren und insbesondere in ihrer Neigung zur Ionenbildung zu ordnen sind. Wir betrachten hier nur noch eine besonders wichtige Verbindungsgruppe, um die anzuwendende Schlußweise weiter zu verdeutlichen.

19. Den Wasserstoffverbindungen der an den Periodenenden stehenden negativen Elemente:

$$\begin{array}{lll} NH_3 & OH_2 & FH \\ PH_3 & SH_2 & ClH \\ AsH_3 & SeH_2 & BrH \\ SbH_3 & TeH_2 & JH \end{array}$$

entsprechen in der bereits oben angewandten Bezeichnungsweise die Ladungsschemata:

Fig. 5.

bei denen, wegen des allgemeinen Ansteigens der Atomvolumina analoger Elemente mit dem Atomgewicht, den weiter unten stehenden Gliedern einer Vertikalreihe jeweils größere Radien zuzuschreiben sind. Diese Verbindungsgruppe ist dadurch wichtig, daß sie das Wasser mitten in sich enthält — der Ionenaustausch mit dem Wasser, der den Körpern Gelegenheit zu charakteristischer Funktion gibt, ist also vom Modell aus zu übersehen.

Da die Ladung der negativen Atome von rechts nach links zunimmt, muß, nach Betrachtungen der Art wie oben, zunächst die Festigkeit, mit der die H^+-Ionen gebunden sind, von rechts nach links wachsen. Dementsprechend sind die rechtsstehenden Körper starke Säuren, und diese Eigenschaft nimmt nach links ab. Zweitens muß innerhalb der Vertikalreihen, da das Atomvolumen wächst, die Festigkeit der H^+-Ionen nach unten abnehmen. Entsprechend nimmt der Säurecharakter nach unten zu, es ist etwa für die zweite Spalte:

für die Verbindung: H_2O H_2S H_2Se H_2Te
die Dissoziationskonstante für Abspaltung eines H^+: $K = 10^{-14}$ 10^{-7} $1{,}7 \cdot 10^{-4}$ 10^{-2}.

Drittens ist, nach den oben für die Komplexverbindungen entwickelten Überlegungen, zu erwarten, daß jedes Atom den elektrostatisch schwächeren Atomen H^+-Ionen wegnimmt. Hiernach vermag das O^{--} des H_2O allen den Körpern, die rechts von ihm stehen, in denen also der Wasserstoff an einem nur einfach negativen Atom hängt, und allen denen, die unter ihm stehen, in denen die den Wasserstoff haltenden zweiwertigen Atome größer sind als O, Wasserstoffionen zu entreißen, d. h. alle diese Körper müssen in Wasser H^+-Ionen abgeben, die in Komplexen mit Wassergruppen, als „hydratisierte" Ionen, in die Masse des lösenden Wassers eintreten — alle diese Körper sind in Wasser *Säuren*. Hingegen ist das N^{---} des NH_3 dem O^{--} *überlegen*, es nimmt ihm H^+-Ionen ab, um seinerseits damit einen Komplex $[NH_4]^+$ zu bilden und die dem Wasser verbleibenden $(OH)^-$-Gruppen lassen das Ammoniak in Wasser als Basis erscheinen. Da das Atomvolumen des P höher ist, ist PH_3 dem Wasser schon weniger überlegen, und AsH_3 und SbH_3 treten dagegen völlig zurück. Noch mehr als dem Wasser selbst ist NH_3 naturgemäß allen den Körpern überlegen, die schon dem Wasser unterlegen sind und ihm H^+-Ionen abtreten müssen, d. h. den Säuren, — ihnen gegenüber tritt $[NH_4]^+$ aufs entschiedenste als Einheit (das Kation des Radikals „Ammonium") auf. Hierher gehört z. B. der oben als Beispiel behandelte Salmiak, in dem N^{---} seine Überlegenheit gegenüber dem Cl^- der HCl äußert.

20. Ein Beispiel, das um eine Stufe komplizierter ist als die Grunderscheinung der Komplexbildung und deshalb die Anwendung der Eigenschaften des elektrostatischen Feldes noch weiter durchführen läßt, bildet das Verhalten aufeinander folgender Oxydstufen, genauer der maximalen *Hydroxyde* solcher Stufen. Wir haben etwa in der ersten Periode die Reihe:

$$Na(OH), Mg(OH)_2, Al(OH)_3, Si(OH)_4,$$
$$P{O \atop (OH)_3}, \quad S{O_2 \atop (OH)_2}, \quad Cl{O_3 \atop (OH)},$$

denen wir die Ladungsschemata:

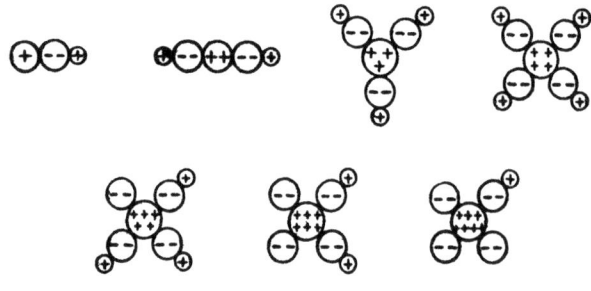

Fig. 6.

unterzulegen haben. Es ordnen sich also jeweils um ein positives Atom zunächst die Sauerstoffe, um diese die Wasserstoffe. Die Zerfallsmöglichkeiten dieser Moleküle lassen sich generell in zwei Klassen teilen: nach der einen findet die Spaltung innerhalb des Sauerstoffs, zwischen ihm und dem Kernmetall, statt, dann liefert sie ganze $(OH)^-$-Gruppen — nach der anderen außerhalb des Sauerstoffs —, dann lösen sich einzelne H^+ ab. Damit sind die selbständigen Möglichkeiten erschöpft, denn Kern-Sauerstoff einerseits, Sauerstoff-Wasserstoff andererseits sind die einzigen Bindungstypen, die vorkommen. Man übersieht sofort, daß ein zahlenmäßiges Überwiegen der ersten Zerfallsart des Hydroxyd als Basis, der zweiten aber als Säure erscheinen lassen muß — es kommt also darauf an, welche Bindung die losere ist. Die wirklichen Körper dieser Reihe durchlaufen bekanntlich kontinuierlich alle Stufen von der starken Base $Na(OH)$ bis zur sehr starken Säure $H(ClO_4)$.

Man erkennt nun am Ladungsschema, daß die Kraft, die die Sauerstoffe am Kern festhält, von Anfang bis zu Ende ständig zunimmt, da die Ladung des Kerns ständig wächst. Die Möglichkeit, hier zu spalten, geht also ständig zurück; das heißt aber: die Bildung von OH^--Ionen oder der basische Charakter der Oxyde ist am Anfang am stärksten und nimmt ständig ab. Umgekehrt ist es mit der Festigkeit der Bindung zwischen O und H. Die Ladung der beiden Teilnehmer zwar ist stets dieselbe. Indes hängt — und hier greift eine noch gründlichere Anwendung des Charakters der elektrostatischen Kräfte ein — die Stärke der Bindung ja nicht von den beiden unmittelbar verbundenen Atomen allein ab, sondern vom Felde, in dem sie liegen, also mit auch von den Ladungen entfernterer Atome. Das H^+-Ion, das vom O^{--} festgehalten wird, wird umgekehrt von dem jenseits des O^{--} liegenden Kernatom, das positiv geladen ist, abgestoßen, und da dessen Ladung in der Reihe von Schritt zu Schritt steigt, die des O^{--} gleich bleibt, tritt die Abstoßung mehr und mehr hervor, die Bindung des H⁺ wird ständig loser. Die Bereitwilligkeit zur H⁺-Ionenabgabe, d. h. der saure Charakter, steigt.

Die Betrachtung beider Bindungen führt also zur Übereinstimmung mit der Erfahrung. Macht man bestimmte

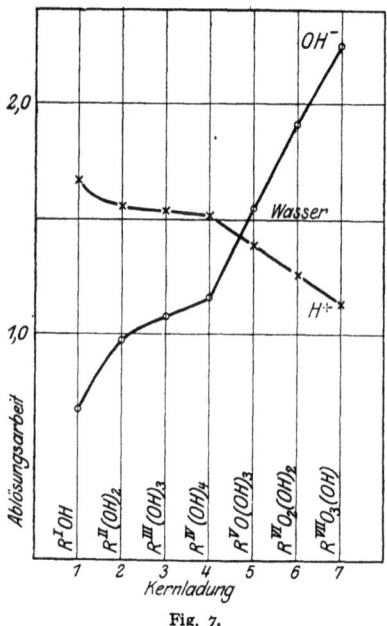

Fig. 7.

Annahmen über die Atomradien, so läßt sich der Gang der Ablösungsarbeiten, den wir eben qualitativ betrachteten, auch rechnerisch streng festlegen. Die Figur zeigt graphisch die Resultate, die man unter den einfachsten zulässigen Annahmen erhält. Die Radien aller Atome sind gleichgesetzt, bis auf den des Wasserstoffions, der verschwindend klein angesetzt ist. (Diese Annahme ist deshalb einzuführen, weil das Wasserstoffatom als erstes aller Atome nur ein Elektron besitzt, als einwertiges Ion also sein ganzes Elektronengebäude, das den wesentlichen Teil der räumlichen Ausdehnung des Atoms ausmacht, verloren hat und auf seinen Kern reduziert ist, dessen Durchmesser kleiner als $^1/_{100\,000}$ von dem des Atoms sein muß. Es stellt sich heraus, daß aus ihr die singuläre Rolle folgt, die das Wasserstoffion unter den einwertig positiven spielt, insbesondere der abnorm feste Zusammenhalt der OH-Gruppe in sich, wegen dessen diese Annahme auch für dies Beispiel wesentlich ist.) Abszisse ist die Wertigkeit des Zentralatoms, Ordinaten sind die Arbeiten, ein OH^- oder ein H^+ vom Molekül abzulösen. Als Einheit der Arbeit ist die eingesetzt, die zur Trennung zweier einwertiger Ionen von normalem Radius notwendig ist. Der Wert, Wasser in H^+ und OH^- zu zerlegen, der zum Vergleich wichtig ist, ist als horizontaler Strich eingetragen. Während wir qualitativ zunächst erkennen konnten, daß der basische Charakter in der Reihe abnehmen, der saure zunehmen muß, zeigt die Rechnung, in der wir die beiden Arbeiten mit *einem* Maß messen können und die danach gezeichnete Figur, welcher Charakter beim einzelnen Körper überwiegt. Zuerst ist die Arbeit, ein OH^- abzulösen, nur halb so groß, als die, ein H^+ abzulösen, die ersten Körper werden also im Überschuß OH^--Ionen bilden oder ausgesprochene Basen sein. Umgekehrt steht es am Ende, und der Umschlag von Basis zu Säure geschieht, wie es der Wirklichkeit entspricht, in der Mitte der Reihe.

In diese Überlegung geht nur die Ladung der Teilnehmer ein, d. h. ihre Valenzstufe. Sie gilt also ganz ebenso für den Vergleich verschiedener Valenzstufen *desselben* Atoms, wenn nur alle heteropolar fungieren. Das ist etwa für Mn und ähnliche Elemente erfüllt, die in allen Stufen metallischen Charakter zeigen. Hier muß also mit wachsender Oxydstufe der basische Charakter ab-, der saure zunehmen. Das wird durch eine bekannte Erfahrungsregel der analytischen Chemie bestätigt.

21. Eine analoge Betrachtungsweise läßt verstehen, warum die hochgeladenen Ionen in Wasser nicht frei beobachtet werden: sie zerlegen es, eben wegen ihrer hohen Ladung, und treten nur innerhalb eines Säurerestes auf. Man kann das Entstehen dieser Einwirkung bereits von den kleinsten Ladungen an verfolgen. Jedes positive Ion, etwa aus einem Chlorid, muß auf die Bestandteile des lösenden Wassers ebenso einwirken, wie die Zentralatome der eben betrachteten Hydroxyde auf ihre Begleiter: es fesselt den Sauerstoff, stößt den Wasserstoff ab. Beide Wirkungen steigen mit wachsender Ladung und fallendem Radius des Ions. Zunächst äußert sich nur die anziehende Wirkung auf den Sauerstoff: das Wasser wird daran festgehalten, bleibt aber noch intakt. Von den nur einwertig geladenen Alkaliionen tritt erst beim kleinsten, Li, eine hervortretende Fesselung von Wasser (hohe Ionenreibung, Hygroskopizität der Salze) auf. Die zweiwertigen halten einige Wassergruppen bereits so fest, daß sie sie auch beim Eindampfen nicht loslassen, sondern als ,,Kristallwasser" in den festen Zustand mit einbauen. Daß diese Wassergruppen am Kation liegen, etwa:

$$[Ca(OH_2)_6]Cl_2,$$

hat bereits *Werner* gezeigt. Von da an (schon beim kleinsten zweiwertigen [Be] beginnend) beginnt nun auch schon die Abstoßung der Wasserstoffe aus dem angelagerten Wasser merklich zu werden; man erhält leicht basische Salze, und mit noch höherer Ladung dominiert diese Erscheinung, die nun als **Hydrolyse** bezeichnet wird, vollständig, so daß etwa das P^{+++++} des PCl_5 in Wasser nie frei auftritt, sondern nur in Begleitung zerstörter Wassergruppen: $[PO_4]^{---} + 8\,H^+ + 5\,Cl^-$ als Anion der Orthophosphorsäure.

22. Die angeführten Beispiele sollten eine Anschauung davon geben, daß die elektrostatischen Kräfte zwischen den Ionen die Abstufungen der für das anorganische Gebiet typischen heteropolaren Verbindungen bereits recht weitgehend darstellen. Man findet dies in einer ausführlichen Arbeit des Verfassers gründlicher durchgeführt. Die hier eingeführten Annahmen erweisen sich auch in den anderen Anwendungen, für die sie in Frage kommen, in dem ganzen Umfang als brauchbar, in dem man die Voraussetzungen als gültig ansehen darf, unter denen sie aufgestellt sind. Die elektrostatischen Anziehungskräfte sind also prinzipiell durchaus fähig, die Valenzkräfte darzustellen, und der Umfang der Übereinstimmung läßt es sehr fraglich erscheinen, daß neben den elektrischen Kräften noch andere im Zusammenhalt der Moleküle tätig sind.

So ist nun der nächste Wunsch, vollkommen strenge Darstellungen der Atome verwenden zu können und aus ihnen sowohl die Kräfte in polaren Molekülen streng zu erhalten — etwa auch Zersetzungsspannungen und Wärmetönungen zu berechnen, beides Aufgaben, die sehr bestimmte Ansätze nötig haben —, als insbesondere auch den Übergang zur Darstellung der feineren und verwickelteren Felder zu finden, die bei der Bindung homöopolaren Charakters bestimmend sein müssen, und so auch die Gesetzmäßigkeiten dieser Verbindungsarten rationell darzustellen.

Hierzu ist sowohl theoretische wie experimentelle Arbeit im Gange.

23. Die *experimentellen* Methoden sind vor allem optische von zweierlei Art.

Auf der einen Seite müssen die gesetzmäßigen *Eigen-*

schwingungen der Atome: die Röntgen- und optischen Spektren und was an lichtelektrischen und ähnlichen Vorgängen mit ihnen zusammenhängt, in Bohrscher Weise gedeutet, nähere Kenntnis der Atomfelder vermitteln und ihre Aussagen in dieser Richtung werden fleißig bearbeitet.

Auf der anderen Seite gibt die Methode, die Elektronen des Atoms in *erzwungene* Schwingungen zu versetzen und deren Wirkungen — als Refraktion und Dispersion des Lichts, als Streuung der Röntgenstrahlen — zu studieren, Auskunft über die Lagerung der Elektronen im Atom. Hiervon gibt die Röntgenstrahlenstreuung die unmittelbarsten Aussagen. So haben *Debye* und *Scherrer* mit ihr auf einem neuen unabhängigen Wege die Tatsache, daß in den Alkalihaloiden die Atome bereits im Gitter des festen Kristalls ihre Ionenladungen tragen, bestätigt, vor allem aber Resultate über die relative Verteilung der Elektronen in den Atomen eines vollkommen homöopolar aufgebauten Materials, des reinen Kohlenstoffs, erhalten. Damit rückt die Möglichkeit näher, auch hier mit Rechnungen zu beginnen.

24. Was die *theoretische* Verfolgung der vorliegenden Möglichkeiten angeht, so erkennt man leicht, daß eine strenge Behandlung nicht nur den feineren Aufbau des einzelnen Atoms einzuführen hat, sondern sich außerdem Fälle aussuchen muß, in denen die *Umgebung* der betrachteten Atome ganz scharf definiert ist, um zu bestimmten Resultaten zu kommen. Die Ionenbildung in Wasser, die die am meisten charakteristische Äußerung der Valenzkräfte bildet, ist darum zur strengen Behandlung weniger geeignet, denn die Lagerung der Bestandteile des Wassers, die das betrachtete Molekül umgeben, beeinflußt naturgemäß die Feldkräfte im Molekül sehr wesentlich, ist aber zweifellos ziemlich verwickelt und obendrein wegen der

Wärmebewegung in der Flüssigkeit zeitlichem Wechsel unterworfen. Die einfachste Aufgabe bietet vielmehr der Fall, daß Atome derselben Arten, wie die, deren Zusammenhalt zu studieren ist, auch die Umgebung bilden und in regelmäßiger Anordnung feste Plätze einnehmen: der Fall des festen Kristalls.

Man erkennt ohne weiteres, daß von den oben entwickelten Prinzipien auch die Bindung der Atome im Kristall einer heteropolaren Verbindung umfaßt wird — ein Kristall ist danach ein großartiges Beispiel von Selbstkomplexbildung (ein Vorgang, dessen erste Stufen wir bekanntlich in der Elektrolyse an einigen Beispielen im einzelnen verfolgen können) —, und die alte Forderung der Kristallographie, daß der ganze Kristall als *ein* Molekül aufzufassen sei, durch die Gleichartigkeit der Kräfte, die zwischen allen Teilnehmern herrscht, mögen sie nun demselben stöchiometrischen „Molekül" angehören oder verschiedenen, von selbst erfüllt ist. Behandelt man diese Anziehungen als Punktkräfte, wie wir es bisher taten, so ist ihr Potential ein einfaches Coulombsches, es setzt sich aus Ausdrücken zusammen, die mit der ersten Potenz des Atomabstandes r abnehmen. *Madelung* hat kürzlich Formeln entwickelt, die das gesamte Coulombsche Potential eines Gitters aus Punktladungen auf einen Punkt in seinem Inneren berechnen lassen. Kennt man also dies Gitter und hat man Ansätze für die Elektronenstruktur der einzelnen Atome, von der ihre Abstoßung abhängt, so kann man den Abstand, in dem die beiden Kräfte im Gleichgewicht sind, und die Kräfte, die zu bestimmter Änderung dieses Abstandes nötig sind, absolut berechnen, d. i. die absoluten Dimensionen eines Kristalls und seine Kompressibilität. Diese Aufgabe haben *Born* und *Landé* angegriffen. Sie nehmen Atome an, deren innerer Aufbau nach den von *Bohr* aufgestellten Quantenprinzipien geregelt ist und auf die Gesetzmäßigkeiten des periodischen Systems Rücksicht nimmt. Dies läßt sich zunächst für die nächstliegende einfachste Annahme durchführen, nach der z. B. die äußersten Elektronen jedes Atoms sämtlich in einer Ebene umlaufen. Behandelt man so die einfachsten heteropolaren Gitter, nämlich die, in denen nur einfach geladene Atome einander gegenüberstehen, so erhält man für diese Körper, nämlich sämtliche Halogenide sämtlicher Alkalien, Gitterkonstanten, die mit der Erfahrung sehr nahe übereinstimmen, hingegen Kompressibilitäten, die durchweg doppelt so groß sind, als die beobachteten; die Kristalle erhalten die richtige Größe, sind aber zu weich. Das Potential der abstoßenden Kräfte geht hierbei mit r^{-5}. *Born* und *Landé* fragen sich darauf, welcher Art dies Potential sein müsse, um die beobachtete Zusammendrückbarkeit zu ergeben, und finden, daß es dann im wesentlichen mit r^{-9} gehen müsse. Dies Resultat ist sehr wichtig. Einmal nämlich sind seine Voraussetzungen außerordentlich einfach und unbezweifelbar, es bedeutet also eine neue unabhängige Aussage über die Atomkräfte. In die Rechnungen gehen ein: 1. die Struktur des Kristallgitters, 2. die Ladung der einzelnen Atome, 3. die Annahme, daß die Abstoßung durch ein Potential darstellbar sei, das mit einer bestimmten, zu ermittelnden Potenz von r^{-1} gehe, 4. die beobachteten Werte der Kompressibilität. — Über die Struktur des einzelnen Atoms wird nichts vorausgesetzt — man muß die Rechnung als allgemein bindend ansehen. Das Ergebnis andererseits, daß für die unbekannte Potenz von r^{-1} der Wert 9 anzusetzen sei, stimmt in zwei wesentlichen Punkten mit den Eigenschaften des einfachsten Atommodells überein, das wir in den vorigen Paragraphen untersuchten. Es weist erstlich darauf hin, daß die Isotropie der Elektronenanordnung im einzelnen Atom höher sein muß als die axiale, mit der etwa *Born* und *Landé* es zuerst versuchten — Born zeigt, daß eine so hohe Symmetrie wie die des Würfels für diesen Exponenten nötig ist. Das stimmt damit überein, daß beim Studium der chemischen Verbindungen sich die völlig isotrope Kugelform so merkwürdig weitgehend brauchbar erweist. Nirgends drängt sich eine axiale Symmetrie, wie sie dem *Bohr* schen Modell in einfachster Form zunächst naheliegt, von selbst auf. Auf der anderen Seite nähern sich die Trennungsarbeiten der Ionen und was damit zusammenhängt, um so mehr den Verhältnissen bei einer starren undurchdringlichen Atomoberfläche, je höher der Exponent des Abstoßungsgesetzes ist. Diese letztere Idealisierung, undurchdringliche Kugelschalen, hatte sich aber bei der Betrachtung der Trennungsarbeiten als recht brauchbar erwiesen.

25. So ist also, trotzdem es an einer vollkommen strengen Durchführung noch mangelt — diese wird erst dann möglich sein, wenn der ganze Bau jedes einzelnen Atoms feststeht —, nicht zu bezweifeln, daß es wohlbekannte physikalische Kräfte sind, die die Valenzbetätigung der Atome bestimmen. Man wird in der schließlichen vollständigen Darstellung die elektromagnetischen Kräfte vollständig einzuführen haben, also nicht auf die elektrostatische Seite beschränkt bleiben, sondern auch elektrodynamische (magnetische) Kräfte zu betrachten haben. Die elektromagnetischen Vorgänge zeigen sich zudem innerhalb der Dimensionen des Atoms von eigentümlichen Zusatzbedingungen beherrscht, die durch den Begriff des Wirkungsquantums charakterisiert sind, und es mag sein, daß diese Bedingungen für die nähere Kenntnis etwa der Stabilität der Atombindungen eine unmittelbarere Rolle

spielen, als sich bisher aufgedrängt hat. Daß wir aber hinter der Valenzbetätigung noch neue, bisher unbekannte Naturkräfte zu vermuten hätten, ist heute außerordentlich unwahrscheinlich geworden.

Literatur.

Zu 4: *R. Abegg*, Zeitschr. f. anorg. Chemie **50**, S. 309, 310. 1906.
Zu 6: *H. Helmholtz*, Faradayvorlesung 1881, Vorträge und Reden, Bd. 2. — *N. Bohr*, Phil. Mag. **26**, S. 857. 1913.
Zu 8: *J. Stark*, zusammenfassend: Die Prinzipien der Atomdynamik, insbesondere Bd. III: Die Elektrizität im chemischen Atom. Leipzig 1913. — *J. J. Thomson*, Elektrizität und Materie. Braunschweig 1904. — *E. Rutherford*, Phil. Mag. **21**, S. 669. 1911.
Zu 9 und 10: *N. Bohr*, Phil. Mag. **26**, S. 1, 476, 857. 1913. **27**, S. 506. 1914. **30**, S. 394. 1915.
Zu 11 bis 21: *W. Kossel*, Ann. d. Physik **49**, S. 229. 1916.
Zu 15 und 16: *A. Werner*, Neuere Anschauungen auf dem Gebiet der anorganischen Chemie, 3. Aufl. Braunschweig 1913. — *A. Werner*, Nobelvorlesung, Die Naturwissenschaften, **2**, S. 1. 1914.
Zu 23: *P. Debye* und *P. Scherrer*, Phys. Zeitschr. **19**, S. 474. 1918.
Zu 24: *E. Madelung*, Phys. Zeitschr. **19**, S. 524. 1918. — *M. Born* und *A. Landé*, Sitz.-Ber. d. Preuß. Ak. d. Wiss. 1918, S. 1048. — *M. Born* und *A. Landé*, Verh. d. D. Physik. Ges. **20**, S. 202 u. f. 1918.

2. Über die Bedeutung der Röntgenstrahlen für die Erforschung des Atombaus.

Das allgemeine Interesse, das die Entdeckung der Röntgenstrahlen auf sich zog, war dadurch erregt, daß man plötzlich fähig war, durch Materie hindurchzuschauen und zu sehen, was sie in ihrem Inneren enthielt. In den letzten Jahren haben wir gelernt, diese Fähigkeit noch nach einer ganz neuen Seite hin auszunutzen: die Röntgenstrahlen haben begonnen, uns auch über das Innere des Atoms Auskunft zu geben, während die Vorgänge des sichtbaren Lichtes und der Chemie sich nur an der Atomoberfläche abspielen. Wir verdanken diese neuen Gedankenwege vor allem der Entdeckung von *Laue* und der Theorie von *Bohr*.

Daß die Röntgenstrahlerscheinungen sich zumeist in einer Gegend der Atome abspielen, die von deren gewöhnlichen oberflächlichen Veränderungen nicht erreicht wird, war bald zu erkennen. Die Lenardschen Untersuchungen hatten gezeigt, daß die Kathodenstrahlen tief ins Atominnere eindringen. Von den so durchschossenen Atomen ging die neue Röntgensche Strahlung aus. *Lenard* hatte weiter gefunden, daß die Bremsung der Kathodenstrahlen im Atominneren von dem speziellen physikalischen und chemischen Charakter der Atomart gar nicht abhänge, sondern nur von ihrer Masse. Was wir als Oberflächeneigenschaften ansehen, spielte keine Rolle. Genau so hielten es die Röntgenstrahlen. Wie sehr man auch die Untersuchungsmethoden verschärfte: es fand sich keine

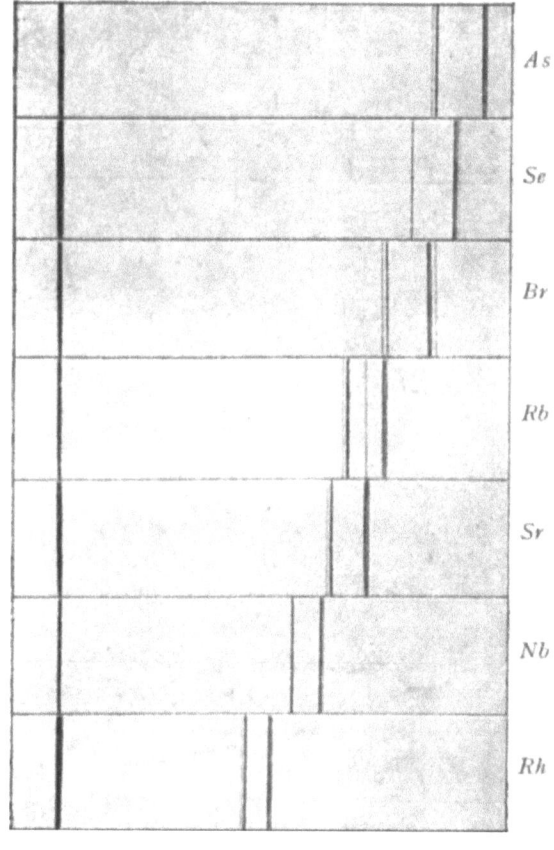

Fig. 8.

Andeutung, daß jemals das Verhalten eines Atoms im Röntgenlicht von seiner chemischen Bindung abhängig sei. Dies zeigte sich besonders eindringlich, als durch die *Laue*sche Entdeckung die Aufnahme der Röntgenlinienspektren möglich geworden war, die die von den raschen Kathodenstrahlen getroffenen Atome aussenden. Jedes Element gab ein charakteristisches Spektrum aus scharfen Linien, wie man es von den tausendmal größeren Wellenlängen des Lichtes her kannte. Wir geben in Fig. 8 und 9 einige der schönen Aufnahmen wieder, die *Siegbahn**)

Fig. 9.

gewonnen hat. Man erkennt daran, daß der Bau dieser Spektren von Element zu Element derselbe ist, nur ihre Lage rückt mit wachsendem Atomgewicht stetig zu kürzeren Wellenlängen. Die Lage dieser Linien zeigt nicht den mindesten Unterschied, ob man ein Metall etwa als reines Element oder in chemischer Verbindung untersucht: von den äußeren Verhältnissen, in denen sich das Atom

---

*) Aus dem Bericht von *M. Siegbahn*, Naturwissenschaften V, 1917, S. 513 u. 528.

befindet, scheinen diese raschen Schwingungsarten nicht im mindesten berührt zu werden. Durch alles war der Schluß nahegelegt, daß wir in den Röntgenspektren eine Äußerung des Atominneren zu sehen haben, einer Tiefe, in die äußere Kräfte nur schwer eindringen und in der alle Atome der verschiedenen Elemente gleichartig gebaut sind.

Den Weg zu ihrer theoretischen Deutung hat die *Bohr*sche Atomtheorie gebahnt. Für den heutigen Überblick erinnern wir nur kurz*) an deren Grundzüge.

1. Die Bohrsche Atomtheorie.

Das Rutherford-Bohrsche Modell schreibt bekanntlich vor:

Die Z Elektronen, die das Element der Ordnungsziffer Z im periodischen System um einen Z-fach positiv geladenen Kern versammelt hält, sollen sich bei ihrer Planetenbewegung nur auf solchen Bahnen dauernd aufhalten dürfen, für die ein von der Quantentheorie vorgeschriebener Impulsintegralausdruck ganzzahlig ist. Für die von *Bohr* zuerst angesetzten Kreisbahnen wird dieser Ausdruck einfach gleich dem Impulsmoment: Bewegungsgröße $mv \times$ Bahnradius r, multipliziert mit der Konstanten 2π und die Bedingung ist, daß dieser Ausdruck ein ganzes Vielfaches der Planckschen Quantenkonstante h sei:

$$2\pi \cdot mvr = n \cdot h$$

oder das Impulsmoment:

$$mvr = n\frac{h}{2\pi}.$$

---

*) Siehe darüber etwa in den „Naturwissenschaften" außer dem erwähnten Bericht von *Siegbahn* z. B., die Berichte von *F. Reiche* und *P. Epstein* im *Planck* Heft 1918 (VI, Heft 17).

Die so ausgezeichneten Bahnen sollten elektrostatisch und mechanisch normal, also nach der gewohnten Himmelsmechanik berechenbar, aber von der elektrodynamisch vorgeschriebenen Ausstrahlung mit der Umlaufsfrequenz befreit sein. Diese Ausstrahlung würde dazu führen, daß das bewegte Elektron, indem es seine Energie verliert, immer mehr und mehr gegen den Kern fällt. Nach dem angegebenen Impulsansatz wächst der Bahnradius mit der „Quantenzahl" n. Tiefer als bis auf die innerste Bahn $\left(n = 1,\ mvr = \dfrac{h}{2\pi}\right)$ darf ein Elektron überhaupt nicht fallen, diese Bahn ist strahlungslos. Befindet es sich weiter außen ($n > 1$), so darf es hereinfallen (die äußeren Bahnen dürfen durchaus nicht, wie manchmal geschieht, einfach als nichtstrahlend bezeichnet werden), muß dabei aber im einzelnen besondere Vorschriften innehalten: es darf nur von erlaubter Bahn zu erlaubter Bahn übergehen und die dabei freigewordene Energie darf nicht mit der jeweiligen Umlaufsfrequenz ausgestrahlt werden, sondern erhält eine Frequenz ν, die durch die freigewordene Energieportion $\varDelta E$ und die Quantenkonstante h bestimmt ist:

$$\nu = \frac{\varDelta E}{h}$$

(Bohrsche „Frequenzbedingung".) Nimmt das Atom umgekehrt Energie auf, wobei ein Elektron in eine vom Kern weiter entfernte Bahn gebracht wird, so darf dies nur in Schritten geschehen, die zu erlaubten Bahnen führen; soll eine Energiemenge $\varDelta E$ durch Absorption von Strahlung aufgenommen werden, so muß diese die Frequenz $\nu = \dfrac{\varDelta E}{h}$ haben. Je höher die Frequenz, auf eine desto höhere (weiter vom Kern entfernte) Quantenbahn wird sie das erfaßte Elektron heben können — es resultieren aus den möglichen Energiestufen eine Reihe von Frequenzen, die absorbiert werden können. Sie finden ihr Ende bei der Frequenz, bei der die Energie hinreicht, das Elektron völlig vom Atom abzureißen. Man erhält eine „Serie" von Schwingungszahlen mit einer bestimmten Grenze, und da dieselben Frequenzen $\nu = \dfrac{\Delta E}{h}$ vom Atom *ausgesandt* werden sollen, wenn ein Elektron um eine der möglichen Energiestufen gegen den Kern zurückfällt, so findet sich dieselbe Serie von scharfen Frequenzen oder „Spektrallinien" für Emission wie für Absorption. *Bohr* zeigt an den einfachsten Atomen, Wasserstoff und Helium, daß diese Vorschriften numerisch mit voller Meßgenauigkeit von den wirklich beobachteten Serien erfüllt werden, wenn nur ein Elektron da ist.

Bohrs allgemeiner Ausdruck für die Energie des Elektrons auf der *n*-ten Quantenbahn lautet:

$$E_n = - \frac{2\pi^2 m e^4}{h^2} \cdot \frac{Z^2}{n^2} \qquad (1)$$

wo e und m Ladung und Masse des Elektrons, h die Plancksche Quantenkonstante, Z die Ladung des Kerns ist, in dessen Feld das betrachtete Elektron sich bewegt. Geht es vom *n*-ten in den *m*-ten Zustand zurück, so ist die freiwerdende Energie:

$$\Delta E = E_n - E_m = \frac{2\pi^2 m e^4}{h^2} \cdot Z^2 \left(\frac{1}{m^2} - \frac{1}{n^2}\right) \qquad (2)$$

und also nach der Frequenzbedingung die ausgesandte Schwingungszahl:

$$\nu = \frac{\Delta E}{h} = \frac{2\pi^2 m e^4}{h^3} \cdot Z^2 \left(\frac{1}{m^2} - \frac{1}{n^2}\right)$$

Für den Wasserstoff ist die Kernladung $Z = 1$ und *Bohrs* erster Erfolg war bekanntlich, daß die nun entstehende

Serienformel genau dem bekannten Typ der Balmerschen Wasserstoffserie

$$\nu = R\left(\frac{1}{m^2} - \frac{1}{n^2}\right)$$

entspricht, und insbesondere der aus lauter allgemeinen Konstanten bestehende Ausdruck $\frac{2\pi^2 m e^4}{h^3}$ der lange bekannten Serienkonstanten R gleich ist, deren allgemeine Verbreitung in den optischen Spektren *Rydberg* herausgearbeitet hatte. — Nach ihm pflegt sie heute *Rydberg*sche *Konstante* genannt zu werden. *Bohr* folgerte weiter, daß ein Elektron gegenüber einer Kernladung Z Serien der Form

$$\nu = R \cdot Z^2 \left(\frac{1}{m^2} - \frac{1}{n^2}\right)$$

zeigen müsse und bestätigte dies in aller Schärfe am Fall des He$^+$-Atoms, dem man nur ein Elektron gelassen hat. Dies muß sich allein im Felde der doppelten Kernladung $Z = 2$ des He-Kerns bewegen und zeigt in der Tat wiederum den Balmertyp, aber mit vervierfachter Konstante:

$$\nu = 4R\left(\frac{1}{m^2} - \frac{1}{n^2}\right).$$

2. Röntgenspektren.

Hier geschah nun der erste Schritt zu den Röntgenspektren. *Bohr* zeigte, daß eine experimentell gefundene Regel über die zur Anregung der härtesten Eigenstrahlung der Elemente, der K-Strahlung, notwendige Energie durch die Annahme wiedergegeben werde, daß diese Strahlung von Elektronen ausgehe, die auf einer Bahn der Quantenzahl 1 der vollen Kernladung Z gegenüberständen.

Man sieht ohne weiteres, daß diese Energie nach der Formel 2 mit Z^2 ansteigen muß. Das war aber gerade experimentell gefunden worden, und *Bohr* fand, daß auch die Absolutbeträge der notwendigen Energien sich ausgezeichnet seinem Grundansatz fügten. Der erste Schritt, mit Hilfe der Röntgenstrahlen etwas über Vorgänge auszusagen, die zwischen den innersten Elektronen großer Atome sich abspielen, war getan.

Durch die *Laue*sche Entdeckung wurde es sehr rasch möglich, die experimentellen Grundlagen zu verschärfen. *Moseley* nahm mit dem Kristall die K-Strahlung einer Reihe von Elementen auf, erhielt ganz scharfe Linien und fand, daß die stärkste Linie jedes Elementes (K_a-Linie) jeweils die Frequenz zeigte: $\nu_{K_\alpha} = \frac{3}{4} R(Z-1)^2$. Das konnte, im Bohrschen Sinne geschrieben, heißen

$$\nu_{K_\alpha} = R(Z-1)^2 \left(\frac{1}{1^2} - \frac{1}{2^2} \right), \qquad (3)$$

also bedeuten, daß hier ein Übergang eines Elektrons von der Quantenbahn $n=2$ zur innersten $m=1$ die ausgestrahlte Energie liefere. Dieses Elektron schien sich in einem Felde zu bewegen, das fast der vollen Kernladung Z entsprach. Neben der K-Strahlung war noch eine weichere Eigenstrahlung der Elemente bekannt, die L genannt wird. Sie erwies sich ebenfalls als Linienspektrum, und ihre stärkste Linie gehorchte der Formel

$$\nu_{L_\alpha} = {}^5/_{36} R(Z-7{,}4)^2$$

ließ sich also deuten als:

$$\nu_{L_\alpha} = R(Z-7{,}4)^2 \left(\frac{1}{2^2} - \frac{1}{3^2} \right) \qquad (4)$$

das heißt als ein Übergang zwischen den Quantenzahlen $n=3$ und $m=2$. Das wies formal auf einen Vorgang zwischen der drittinnersten und der zweitinnersten Bahn hin. Dabei war besonders anschaulich, daß der quadrierte Klammerausdruck, — der im Sinne *Bohrs* die Ladung anzeigt, in deren Feld das betrachtete Elektron sich bewegt —, gegen die wirkliche Kernladung Z um einen erheblichen Betrag (7,4 Einheiten) verringert erschien. Im Falle des K-Prozesses, bei dem die Quantenzahlen 1 und 2 auf einen Vorgang zwischen den zwei innersten Elektronenbahnen hinwiesen, trat fast die volle Kernladung, nämlich eine Ladung $(Z-1)$, in Tätigkeit, Gl. 3.; beim L-Prozeß, dessen Quantenzahlen auf die dritte und zweite Bahn von innen hindeuten, erscheint die Kernladung um mehr als sieben Einheiten verkleinert, Gl. 4. Da wir uns bei den beobachteten Röntgenspektren stets im Innern schwererer Atome mit zahlreichen Elektronen bewegen, ist es natürlich, daß beim L-Prozeß, der weiter außen stattfindet als K, sich bereits andere Elektronen zwischen das bewegte und den eigentlichen Kern eingedrängt haben und mit ihren negativen Ladungen die Wirkung der positiven Zentralladung scheinbar etwas verringern. Diese von der zentralen Kernladung abzuziehende Größe — von *Sommerfeld* als „Kernladungscharakteristik" bezeichnet — hängt augenscheinlich ganz von der Lage der inneren Atomelektronen ab und kann demnach ein wichtiges Mittel werden, diese inneren Anordnungen zu erforschen. Denkt man an Vorgänge, die noch weiter außen liegen, so wird die „Abblendung" der Zentralladung durch zwischenliegende Elektronen immer stärker werden, und denkt man sich schließlich ganz außen von irgendeinem großen Atom ein einzelnes Elektron abgehoben und in einige Entfernung vom übrigen Atom gebracht, so wird durch die gebliebenen Elektronen die Kernladung bis auf eine Einheit abgeblendet erscheinen, das Restatom erscheint als einfach positives Ion. In einiger Entfernung muß sein Feld mit dem eines einfach positiven Punktes übereinstimmen, das heißt, von dem eines Wasserstoffkerns nicht mehr zu unterscheiden sein. Prozesse zwischen weit außenliegenden Bahnen müssen also nach dem Bohrschen Modell bei jedem beliebigen Element dieselben Spektrallinien geben, wie beim Wasserstoff. Diese Tendenz hoher Serienglieder, schließlich auf Ausdrücke zu führen, die von denen des Wasserstoffspektrums nicht mehr zu unterscheiden sind, war aus der Erfahrung bereits lange bekannt und insbesondere von *Paschen* betont worden.

So führt augenscheinlich ein einheitliches Bild vom Atominnersten, wo die Röntgenspektren ihre Quelle haben, zu den Vorgängen über der Atomoberfläche hinüber und verspricht, über den Elektronenbau des Atoms Auskunft zu geben. An den beiden Endpunkten läßt sich leicht anknüpfen: im Innersten haben wir fast mit der vollen Kernladung, ganz außen mit der Ladung eins zu rechnen — was dazwischen liegt aber ist ungeheuer verwickelt. Man braucht nur an die Wirrnis der meisten optischen Linienspektren zu denken, die sämtlich in der Nähe der Oberfläche von Atomen größerer Elektronenzahl entstehen, um sich lebendig zu machen, wie unübersichtlich die Verhältnisse werden, wenn man sich dem Elektronengebäude des Atoms selbst nähert. Und im Innern wird es natürlich kaum einfacher, bis man soweit vorgedrungen ist, daß man sich dem Kern selbst gegenüber befindet. Um mit genaueren Ansätzen für die Rechnung überhaupt beginnen zu können, muß man sich über die Vorgänge, die mit der Röntgenlinien-Emission verbunden sind, ein Bild zu machen suchen.

3. Erregung der Röntgenlinien. Ihr Seriencharakter.

Beim Vergleich der Röntgenlinien mit den optischen fiel ein Unterschied ins Auge, der auf eine wesentliche Verschiedenheit hindeutete: den Röntgenlinien entsprechen keine Absorptionslinien. Es ist bekannt — am besten aus den dunklen Fraunhoferschen Linien des Sonnenspektrums —, daß man optische Linienspektren auch in Absorption erhalten kann: Läßt man fremdes Licht durch einen emissionsfähigen Dampf durchtreten, so verschluckt er dieselben Wellenlängen, die er auszusenden fähig ist. Die Röntgenlinien zeigten nichts dergleichen: die K_α-Wellenlänge eines Elements wird durch eine absorbierende Schicht dieses Elements ebensogut durchgelassen, wie die unmittelbar benachbarten. Dennoch erfuhr in der Nähe der Emissionslinien auch die Absorption eine Veränderung: bei einer etwas kürzeren Wellenlänge nahm sie plötzlich gewaltig zu. Mit dem Augenblick, wo diese starke Absorption einsetzt, beginnt das absorbierende Material auf einmal selbst die K_α-Linie zu emittieren. Der vermehrte Energieverbrauch geht also augenscheinlich auf eine Anregung des Atominnern zurück — der Vorgang erinnert aber nicht an das gewohnte Verhalten von Spektrallinien, sondern an das fluoreszierender Substanzen. Diese verwandeln — nach der sogenannten Stokesschen Regel — stets höherfrequentes Licht in solches von niedrigerer Schwingungszahl, verschlucken etwa Blau und leuchten selbst grün. *Barkla*, der die Röntgen-Eigenstrahlung der Elemente entdeckt und auch diese Erregungsverhältnisse geklärt hat, bezeichnete sie deshalb auch als ,,Fluoreszenzstrahlung".

Im Bohrschen Modell bedeutet nun Absorption einer Wellenlänge stets das Herausheben eines Elektrons um die zugeordnete Energiestufe, Emission das Zurückfallen. Der Fluoreszenzcharakter ist also so zu deuten, daß ein Elektron stets mit hoher Schwingungszahl um eine größere Energiestufe gehoben werden muß, um nachher in kleineren Schritten zurückzufallen, wobei niedrigere Schwingungszahlen ausgesandt werden. Wie kommt es, daß die Röntgenspektren auf diesen Typ von Vorgängen beschränkt sind? Bei den optischen Spektren, in denen Absorptions- und Emissionslinien übereinstimmen, kann doch anscheinend jeder Schritt eines Elektrons sowohl auswärts wie einwärts getan werden! — Erinnern wir uns nun aber an den Entstehungsort, den wir beiden Spektren zuschrieben: die optischen sollten an der Oberfläche, die Röntgenspektren in der Tiefe des Atoms entstehen. Bei den optischen Spektren finden wir, daß das Elektron frei jeden Schritt in die nächstäußeren Bahnen tun kann (Linienabsorption), und das ist verständlich: über der Atomoberfläche ist freier Raum. Beim Röntgenspektrum aber finden wir, daß dem Elektron die nächsten Schritte nach auswärts versagt sind (keine Linienabsorption), in seiner näheren Umgebung sind alle Bahnen bereits mit Elektronen förmlich angefüllt, es muß gleich einen sehr großen Schritt tun, um ins Freie zu kommen, die Absorption setzt erst da ein, wo die Schwingungszahl zum Hinausheben über die Atomoberfläche hinreicht. Mit dieser Annahme stimmt aufs schönste überein, daß gleichzeitig mit dem Einsetzen der starken Absorption und der Eigenstrahlung plötzlich an dem bestrahlten Element reichlich Elektronen frei werden: offenbar die, die nach unserer Annahme im Atominneren abgerissen worden sind. Wir können also den Mangel an Röntgen-Absorptionslinien darin begründet sehen, daß diese Strahlungen ganz tief im Atominnern erzeugt werden.

Wie kommt es aber nun, daß in der *Emission* scharfe Linien auftauchen, die nach ihrer Gesetzmäßigkeit offenbar von einem Übergang aus der zweitinnersten in die innerste Bahn herrühren? — Wir müssen wohl annehmen, daß im Ruhezustand eines Atoms die Elektronen in bestimmten Zahlen auf die innersten möglichen Bahnen um den Kern verteilt sind. Bei der Absorption in der Nähe der *K*-Strahlung wird nun, nahmen wir an, ein Elektron aus der innersten Bahn herausgerissen und über die Atomoberfläche hinausgeschleudert. Es ist also jetzt eine Lücke in der innersten Bahn, und es ist nichts natürlicher, als daß dieser ungewöhnliche gespannte Zustand möglichst rasch dadurch behoben wird, daß eines der nächsten äußeren Elektronen in die Lücke nachfällt. Kommt es aus der nächsten, der zweiten Bahn, so wird seine Frequenz analytisch diesen Vorgang verraten, indem sie den Faktor $\left(\frac{1}{1^2} - \frac{1}{2^2}\right)$ zeigt: sie wird dem Gesetz der K_α-Linie gehorchen. Kommt es aus der übernächsten Bahn, der dritten von innen, so wird eine höhere Energie frei, und die Frequenz wird eine höhere sein, als im ersten Fall. In der Tat hatte *Moseley* eine zweite höherfrequente *K*-Linie gefunden, die er K_β-Linie nannte, und bald wurde noch eine weitere entdeckt, K_γ. Die größte Energie und Frequenz, die bei einem solchen Rückfallprozeß zu erhalten wäre, müßte augenscheinlich ein Elektron ergeben, das von außerhalb der Atomoberfläche in das Atom hineinfiele. Diese Frequenz bedeutet die Grenze für die möglichen Linienfrequenzen, die Seriengrenze. Da nun diese Frequenz gerade die erste sein würde, die, wenn sie auf das Atom auffiele, ein Elektron aus der innersten Bahn über die Atomoberfläche hinausheben könnte, so wird gerade bei ihr, nach der oben angenommenen Vorstellung, die starke Absorption beginnen müssen. In der Tat liegt der Absorptionsabstieg jeweils knapp hinter der letzten beobachteten (der γ-) Linie des K-Spektrums. Die K-Linien eines Elements sind also als regelrechte Serie aufzufassen, deren Grenze vom Einsetzen der starken Absorption angezeigt wird.

4. Beziehungen zwischen den verschiedenen Serien eines Atoms.

Diese Vorstellung vom Herausreißen innerer und Nachfallen äußerer Elektronen führt zu einer Reihe von Folgerungen, an denen sie sich weiter prüfen läßt. Ganz ebenso wie auf die innerste Elektronenbahn ist sie auf die zweite anzuwenden, deren erste Linie in ihrem Gesetz schon einen Übergang von der dritten in die zweite Bahn ankündigt $\left[\text{Faktor}\left(\frac{1}{2^2} - \frac{1}{3^2}\right)\right]$. Wir haben ebenso von einer „L-Serie" zu sprechen, wie wir den Begriff der „K-Serie" zu bilden hatten, und auch hier ist bekanntlich eine ganze Reihe von Linien beobachtet worden, die wir nun alle dem Nachfallen in eine Lücke in der zweiten Bahn zuzuordnen haben. Damit ist eine Reihe von Beziehungen zwischen den Schwingungszahlen der K- und L-Serie vorauszusehen. Fällt ein Elektron unmittelbar von außerhalb des Atoms in eine Lücke im innersten System, so soll die Frequenz der K-Grenze ν_{K_g} erzielt werden. Dieselbe Umordnung können wir aber auch erzielen, wenn wir in die Lücke im innersten zunächst ein Elektron aus dem zweiten nachfallen lassen — dabei soll K_α emittiert werden — und dies dann durch eins von außen ersetzen, was die Frequenz der L-Grenze ν_{L_g} ergibt. Da die Energiemengen, die auf beiden Wegen gewonnen werden, gleich sein müssen, gilt nach der Bohrschen Frequenzbedingung auch für die Frequenzen:

$$\nu_{K_\theta} = \nu_{K\alpha} + \nu_{L_\theta}.$$

Für die beobachtbaren Größen ausgesprochen, heißt das: die Frequenz der K-Absorptionsgrenze ist gleich der Summe der Frequenzen der K-α-Linie und der L-Absorptionsgrenze. Die experimentellen Ergebnisse haben die Voraussage mit aller Schärfe der bisher erreichten Meßgenauigkeit bestätigt. Genau ebenso läßt sich schließen, daß beim Rückfallen aus der dritten Bahn in die erste (K-β-Linie) dieselbe Energie frei wird, wie beim Hereinfallen aus der zweiten (K-α) und Nachrücken eines Elektrons aus der dritten in die zweite (L-α). Danach sollte sein:

$$\nu_{K\beta} = \nu_{K\alpha} + \nu_{L\alpha} \quad (5)$$

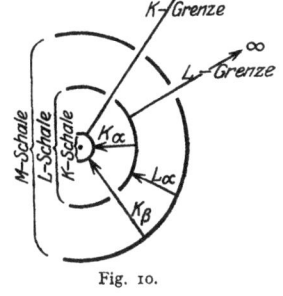

Fig. 10.

und auch diese Gleichung hat sich an den Experimenten bestätigen lassen (wenn auch hier die unten zu erwähnende Mehrfachheit der dritten Bahn die Erscheinungen noch etwas verwickelter macht). Damit war die Annahme, K-β entspreche dem Übergang von der dritten in die innerste Bahn, aufs beste gestützt und die Seriennatur der K- und L-Strahlung bestätigt.

Die Figur 10 soll diese Überlegungen durch eine schematische Darstellung der Atomschalen anschaulich machen Im Mittelpunkt ist der Kern zu denken, die Ringe bedeuten die Bahnen, auf denen sich Elektronen aufhalten dürfen — bei einem großen Atom, wie sie bei den Röntgenspektren immer vorliegen, ist anzunehmen, daß jede Bahn mit mehreren Elektronen besetzt ist, also eine Elektronenschale bildet. Die Pfeile stellen die Übergänge vor: Der oberste die Wegnahme eines Elektrons aus der innersten Bahn, also den der K-Absorptionsgrenze entsprechenden Vorgang, — der nächste die Wegnahme aus dem zweiten, die der L-Grenze zugeordnet ist, der dritte den Ersatz eines im ersten Ring fehlenden Elektrons durch eines im zweiten (K_α) und so fort. Man übersieht hieran leicht die Kombinationen, die zu den beiden eben abgeleiteten Gleichungen führen. Es ist aber zu betonen, daß die Zeichnung nur die Hauptzüge hervorhebt, — wir wissen heute, daß das Bild viel reicher an Einzelheiten ist.

Der Wert solcher Wechselbeziehungen zwischen den Serien für den Atombau liegt zunächst darin, daß sich die Schwingungszahlen benachbarter Serien berechnen lassen, die schwer oder gar nicht zu beobachten sind. Sie müssen ebenso, wie zwischen K und L, auch zwischen L und der Serienemission der drittinnersten Bahn, der M-Serie, gelten. In der Tat gilt:
$$\nu_{L_\beta} = \nu_{L_\alpha} + \nu_{M_\beta}.$$
Man kann also aus der Lage der stärksten L-Linie und der zu ihr gehörigen Absorptionsgrenze die Lage der M-Grenze berechnen, die auf die Abreißarbeit aus der dritten Bahn schließen läßt. Die M-Serie ist jetzt unmittelbar beobachtet — sie ist bereits sehr langwellig und sehr wenig durchdringend, und vorläufig scheint mit ihr die Grenze erreicht zu sein, an der die bisherigen kristallspektrographischen Methoden haltmachen müssen. Aus der Lage ihrer Linien und Grenzen aber läßt sich bereits auf die Schwingungszahl der Absorptionsgrenze ein Schluß ziehen, die die nächste, noch mehr nach dem Licht hin liegende Serie, die N-Serie, die Emission aus der vierten Bahn von innen, zeigen muß.

5. Die Gliederung des Atoms in Elektronenschalen.

Durch die Kenntnis dieser Serien und die Erkenntnis der Zusammenhänge zwischen ihnen erhalten wir also eine Übersicht über die Energieverhältnisse in den innersten Elektronenregionen des Atoms. Wir haben augenscheinlich eine Reihe aufeinanderfolgender Zonen oder Schalen aus Elektronen anzunehmen, deren jede der Träger einer Eigenstrahlung oder Röntgenserie ist. Wir können danach die innerste die K-Schale oder den K-Elektronenring, die zweite die L-Schale und so fort nennen. Die bisherigen Ergebnisse führen uns bei den schwersten Elementen bis auf eine vierte Schale von innen: die N-Schale.

Auf eine solche Anordnung der Elektronen in Zonen oder Schalen deutet nun aber auch der merkwürdige regelmäßige Wechsel hin, den die chemischen Eigenschaften mit wachsender Elektronenzahl oder Ordnungszahl des Elements durchmachen und der im „periodischen System" der Elemente zur Anschauung gebracht wird. Es findet sich da, daß in regelmäßigen Abständen Elemente vorkommen, die besonders leicht ein Elektron abgeben (die Alkalimetalle), und ihnen folgen jeweils solche, die stets zwei auf einmal verlieren (die Erdalkalimetalle). Man muß annehmen, daß diese Elektronen an der Oberfläche abgelöst werden, denn chemische Vorgänge reichen hin, die Ablösung einzuleiten (etwa das Natriumatom in ein Natriumion zu verwandeln) und die vom Atominneren ausgehenden Röntgenspektren bleiben davon ganz unberührt. Man kann also annehmen, daß beim Alkalimetall ein, beim Erdalkalimetall zwei Elektronen des Atoms besonders weit außen liegen und genügt damit gleichzeitig der Tatsache, daß die optischen Serienspektren dieser Atome besonders einfach sind und untereinander zusammenhängen. Denkt man sich die Elektronengebäude der Elemente schrittweise aus den einfachsten aufgebaut, so hat man für jedes neue Element ein weiteres Elektron zuzufügen. Beim Alkali hat man es weit nach außen zu legen, beim Erdalkali noch eines dazu und es liegt nahe, so fortzufahren und eine ganze neue Außenschale aufzubauen, bis man, beim nächsten Alkalimetall, wieder einen großen Schritt nach außen machen und eine neue beginnen muß. Nach diesem Gedanken wird jeweils beim Element vor einem Alkalimetall eine Schale „fertig" und das ist jeweils ein Edelgas. Der Anfang des periodischen Systems lautet bekanntlich:

1. H							2. He
3. Li	4. Be	5. B	6. C	7. N	8. O	9. F	10. Ne
11. Na	12. Mg	13. Al	14. Si	15. P	16. S	17. Cl	18. Ar
19. K	20. Ca						

u. s. f.

Demnach kommt man auf den Gedanken, daß mit jeder neuen Periode eine neue Elektronenschale anzufangen ist, und dieser Gedanke gibt dem Gang der polaren Valenzeigenschaften, den wir im vorigen Aufsatz besprachen, große Anschaulichkeit. Wir stellten fest, daß diese Atome stets auf das Entschiedenste danach streben, die Elektronenzahl eines Edelgases anzunehmen. Nehmen wir nun an, bei jedem Edelgas werde eine Elektronenschale fertig, so heißt das: Diese Atome streben stets eine vollständige Schale zu bilden. Fehlen ihnen dazu nur noch wenig Elektronen, wie bei Cl, O usw., so suchen sie sich so viele zu verschaffen, als ihnen fehlen und sie erhalten sie besonders leicht aus solchen Atomen, die erst wenige Schritte über die Vollendung einer Schale hinaus sind, wie Na, K, Ca, und gerne die Elektronen abgeben, die außerhalb der letzten vollendeten Schale liegen. So erhält die Stellung der Edelgase als Angelpunkte des Periodischen Systems, die in unsrer graphischen Darstellung Fig. 2 besonders deutlich hervortrat, ihre anschauliche Deutung im Modell. Demnach sind der innersten Schale nur zwei Elektronen zuzuordnen, denn schon das zweite Element, *He*, ist ein Edelgas und das dritte, Li, ein Alkalimetall. Die mit ihm begonnene Schale bekommt im ganzen 8 Elektronen, sie wird beim Neon abgeschlossen, und mit Na

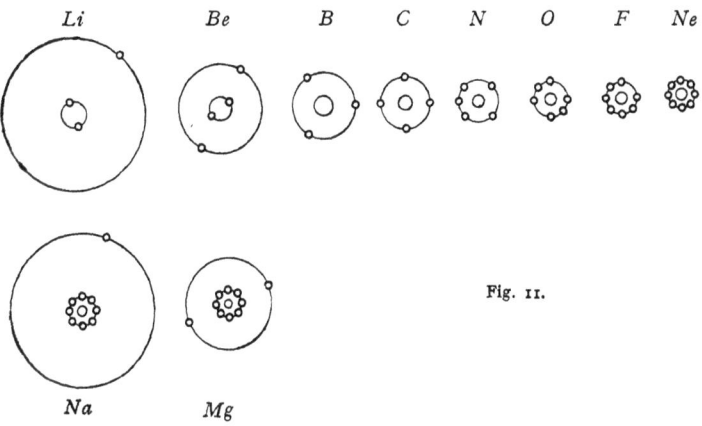

Fig. 11.

beginnt eine neue, dritte. Wir veranschaulichen unsere Annahme im Schema Fig. 11, das den Elementen von 3 (Li) bis 12 (Mg) Elektronen entsprechen soll, in derselben Anordnung wie in dem eben gegebenen Anfang des Periodischen Systems. Die kleinen Kreise geben die Verteilung der Elektronen an. Am Ende der ersten Periode sind sie absichtlich unsymmetrisch eingetragen, um die Zahl derer, die an der Edelgasform noch fehlen, der „Lücken", die die negative Wertigkeit bestimmen, hervortreten zu lassen. Es ist ferner hervorgehoben, daß in der Periode die wachsende Kernladung die Schale mehr und mehr zusammenzieht. Die Zeichnung folgt dem Verhalten, das ein ebener, symmetrisch besetzter Ring zeigen würde. (Wiederum aber ist zu betonen, daß nur die Hauptzüge gegeben werden können, nämlich die Verteilung aufeinander umgebende Systeme einheitlichen Gesetzes; daß die gesetzmäßige Verteilung nicht einfach einen ebenen Ring bildet, wie hier der Durchsichtigkeit halber gezeichnet, steht wohl fest.) Beim dritten und vierten Element sind die Elektronen der Heliumschale noch einzeln angegeben, von da an ist sie als einfacher Kreis angegeben, um das Bild nicht zu sehr zu verwickeln.

Bleiben diese Gebilde auch bei den schwereren Atomen im Inneren erhalten, während sich außen immer neue Elektronenanordnungen herumlegen, so hätten wir die bei Helium vollendete Schale aus 2 Elektronen als die Quelle der K-Serie, die bei Neon vollendete zweite als die der L-Serie anzusehen und so fort.

Man würde diese Frage beantworten können, wenn es gelänge, die Wellenlängen der einzelnen Röntgenspektrallinien aus der Elektronenbesetzung der Schalen absolut zu berechnen. Diese Aufgabe, bei der die ganzen Veränderungen, die eine Elektronenumlagerung im Innern des Atoms mit sich bringen muß, in die Energiebilanz mit einzurechnen sind, erfordert augenscheinlich sehr verwickelte Rechnungen. Als erster hat *Debye* den Versuch einer näheren Rechnung gemacht und wurde zu der Annahme geführt, daß im innersten Ring drei Elektronen sich aufhielten. Da nach dem periodischen System zwei vorhanden sind, besteht zwar immerhin noch eine Abweichung, die über die Ansprüche der Rechnung auf Genauigkeit hinausgeht. Indes haben die verschiedensten weiteren Rechenversuche an den K- und L-Linien immer wieder auf eine Besetzung des innersten Ringes mit etwa

3, des zweiten mit etwa 9 Elektronen geführt, also auf Zahlen, die anzeigen, daß in der zweiten Schale ein Mehrfaches an Elektronen sei wie in der ersten. Man darf zunächst wohl jedenfalls an der Annahme festhalten, daß die Elektronenzahlen 2 und 8 sind, wie das periodische System angibt, daß aber die Anordnung innerhalb der Schale noch zu wenig bekannt und die vollständige Rechnung zu verwickelt sei, um die Linien streng wiederzugeben.

Wenn die höheren Glieder der Röntgenserien durch Hereinfallen aus äußeren Elektronenschalen entstehen, können sie erst von den Elementen an bestehen, bei denen nach dem periodischen System die betreffende Außenschale entsteht. Auf Folgerungen dieser Art hat zuerst *Swinne* hingewiesen. Wir nahmen an, daß das in den ersten Ring eintretende Elektron der K-Strahlung bei der ersten Linie (α) aus der zweiten Elektronenschale, bei der zweiten (β) aus der dritten komme, haben also für γ die vierte Schale als Ausgangspunkt anzusehen. Nach dem periodischen System bildet sich gemäß unserer Annahme die vierte Schale von Kalium an aus, und es ist befriedigend, daß K_γ vor Kalium nicht aufzufinden war, sondern erst vom folgenden Element Calcium an auftaucht.

Am meisten würde es natürlich befriedigen, wenn man verfolgen könnte, wie das einfache Spektrum, das sich zeigt, wenn (bei den Alkalimetallen) eine neue Schale mit einem Elektron beginnt, sich nach und nach umwandelt, wenn mehr und mehr Elektronen in die Schale eintreten, und wie es schließlich zu einer der bekannten Röntgenserien wird, wenn die Schale bereits, von vielen anderen Elektronen umgeben, im Atominnern liegt. Das Material reicht aber noch nicht hin, diesen Weg zusammenhängend zu durchlaufen. Die Elemente, die erst ein Elektron in der Außenschale haben, die Alkalien, besitzen zwar sehr durchsichtige Spektren, die mit dem des Wasserstoffs, der überhaupt nur ein Elektron hat, große Ähnlichkeit zeigen. Gehen wir durch die Periode fort, so sind beim Erdalkali (zwei Außenelektronen) zwar die Seriengesetze noch vollständig zu übersehen, mit weiter zunehmender Elektronenzahl aber verschwindet die Übersichtlichkeit vollständig. Beim Element, das die Periode beendet, bei dem also die Schale abgeschlossen wird, sollte zum erstenmal die volle Elektronenzahl vorhanden sein, die die Schale von nun an beibehält und auch später als Quelle der Röntgenserie besitzt. Bei diesen abschließenden Elementen, den Edelgasen, sollte die Schale noch gerade an der Atomoberfläche liegen — die optischen Spektren aber sind hier ungeheuer verwickelt und für Modellüberlegungen (außer vielleicht bei Helium) noch nicht angreifbar. Nun würde es freilich für die erste Feststellung unseres Zusammenhangs mit den Röntgenspektren völlig hinreichen, wenn wir nur die Frequenz der einen Linie kennten, die entsteht, wenn ein Elektron aus der nächstäußeren Bahn in unsere Schale zurückfällt. Dieser Vorgang ist derselbe, den wir bei den stärksten Linien der Röntgenserien annehmen, und er sollte mit ihnen in gesetzmäßigem Zusammenhang stehen. Glücklicherweise sind derartige Werte für Helium, Neon und Argon, also die Elemente, die die drei innersten Schalen abschließen sollen, durch Elektronenstoßbeobachtungen von *Franck* und *Hertz* bekannt.

Die Heliumbeobachtung, die dem K-Ring zuzuordnen ist, also gewissermaßen als erste K-α-Linie eines vollständigen K-Ringes gelten darf, scheint sich dem Verlauf der K-α-Linien gut anzuschließen. Doch klafft hier noch eine große Lücke; die K-α-Linien selbst sind erst von Natrium an ausgemessen. Besser steht es mit der zweiten, der L-Schale.

Nach dem Verlauf des periodischen Systems scheint die zweite Schale beim Neon fertig zu werden, beim Na beginnt die dritte, die Neon-Schale rückt nun (siehe Fig. 11) ins Atominnere und wird nach unserer Vermutung bei höheren Atomgewichten die Quelle der L-Serien. Wir müssen also erwarten, daß die von *Franck* und *Hertz* beim Neon beobachtete Größe mit den L-α-Linien der Röntgenspektren zusammenhängt. In der Tat läßt sich zeigen, daß die Schwingungszahl der L-α-Linie, die bei höheren Atomgewichten unmittelbar beobachtet ist und bis zum Natrium herab aus den beobachteten K-Linien (nach Gl. 5) berechnet werden kann, bis dorthin regelmäßig von Element zu Element abnimmt und unmittelbar in den Wert hineinzielt, den *Franck* und *Hertz* für die erste Linie der äußersten Atomschale des Neons beobachten. Damit scheint bewiesen, daß hier der Träger des L-Spektrums an die Atomoberfläche tritt — die Röntgenspektroskopie sagt also von sich aus dasselbe aus, was die Valenzcharaktere im periodischen System andeuten: die zweitinnerste Elektronenschale wird beim Neon fertig. Ein ähnlicher Schluß läßt sich für das Argon als Endglied der dritten Schale ziehen.

6. Der Bau der einzelnen Schalen.

Man darf also über die Existenz der Elektronenschalen und die Zahl der darin enthaltenen Elektronen einigermaßen sicher sein — wenigstens für die innersten. Nun fragt sich weiter, wie die feinere Anordnung der Elektronen in der Einzelschale aussieht. Man kann erwarten, hierüber einmal von den „Kernladungscharakteristiken" der Seriengleichungen, die ja von der Abstoßung benachbarter Elektronen auf das bewegte herzurühren scheinen, Auskunft zu erhalten. Vorderhand scheint dies Mittel noch nicht zu eindeutigen Schlüssen hinzureichen. Die Sachlage wird außerdem dadurch verwickelt, daß, nach der Feinstruktur der Röntgenlinien geurteilt, die Schalen verschiedener Zustände fähig zu sein scheinen. Die innerste zwar, mit ihren zwei Elektronen, scheint einfach zu sein. An der zweiten aber fand der Verf. 1914, daß sie mehrere, und zwar jedenfalls zwei stärkere Absorptionsgrenzen, besitze. Es gab also zwei Ablösearbeiten für Elektronen dieser Schale, und es ließ sich zeigen, daß die L-Strahlung, wenn sie ebenso wie K als Serie aufgefaßt werden sollte, eine Dupletserie konstanten Abstandes sein mußte: der verwickeltere Bau und das von *Moseley* und *Darwin* gefundene verschiedene Anregungsverhalten der L-Linien ließ sich daraus verstehen, daß hier zwei Einzelserien durcheinanderliefen. Auch in der K- Serie äußerte sich der doppelte Charakter von L: die K-α-Linie, die durch den Übergang von L her entstehen sollte, erwies sich als Duplet, und Messungen von *Malmer* (1915) ermöglichten den Nachweis, daß es richtig den Abstand der L-Grenzen zeige: es fielen also aus beiden Zuständen von L Elektronen in den K-Ring hinein. Das deutete auf einen verwickelten Bau der L-Schale aus zwei Elektronengruppen oder darauf, daß L zwei Zustände annehmen könne. Eine sichere Begründung für diese sonderbare Verdoppelung ließ sich nicht angeben.

Da zeigte *Sommerfeld* 1916, daß eine strenge formale Durchführung der grundlegenden Quantenvorschriften fordere, daß mehrquantige Bahnen nicht nur in der von *Bohr* zuerst untersuchten Kreisform, sondern auch in Ellipsen vorgeschriebener ganzzahliger Achsenverhältnisse bestehen könnten. Für eine zweiquantige Bahn ergaben sich so zwei Zustände: als Kreis und als Ellipse, deren kleine Achse die Hälfte der großen ist. Beide müßten mit Rücksicht auf die relativistischen Massenänderungen des Elektrons während des Durchlaufens der Ellipse energetisch ein wenig verschieden sein: es ergab sich ein Duplet. Diese Folgerung wurde im optischen Gebiet genau erfüllt. Nahm man nun an, die L-Schale bestehe aus solchen zweiquantigen Bahnen und rechnete man dies Duplet so aus, als liege das L-Elektron einfach im Felde eines punktförmigen Kerns, so hatte die Dupletbreite mit der vierten Potenz der Kernladung zuzunehmen. Dies Gesetz bestätigte sich aufs erstaunlichste vom ersten (H) bis zum letzten Element (Uran) und bildet eine der schönsten Bestätigungen der allgemeinen Sommerfeldschen Quantenansätze für die Elektronenbewegung im Bohrschen Modell. Besonders wertvoll ist dabei, daß die Rechnung mit dem einfachen Zentralfeld für die Darstellung der Duplets so gut zu brauchen ist, obwohl man sich doch in der zweiten Elektronenschale bereits mitten zwischen den Elektronen befindet. Dies Feld muß in dieser Zone noch ziemlich „wasserstoffähnlich" sein, und das ermutigt zu der Hoffnung, daß man sich auch durch diese zuerst hoffnungslos verwickelt aussehenden Bedingungen einmal wird durchfinden können.

Zunächst freilich bieten sich viele große Schwierigkeiten. Die Frage, wie die Achterfiguren im einzelnen aussehen, ist mit der Erkenntnis ihrer zweiquantigen Natur noch nicht gelöst, — ja der einfachste Ansatz zeigt, daß die L-Ellipsen in die K-Bahnen einschneiden müssen, so daß man nicht versteht, wieso sie sich um diese Störung so gar nicht kümmern, sondern das Gesetz eines einfachen Zentralfeldes zeigen. Die Sommerfeldschen Quantenansätze bewähren sich aber weiter auch rein qualitativ darin, daß „M" (— die dritte Schale —) als „dreiquantiges" System drei stärkste Absorptionsgrenzen zeigt.

Der Entdecker dieser Grenzen, *Stenström* (1919), konnte gleichzeitig eine neue Erscheinung zum erstenmal experimentell nachweisen, die man nach den Vorstellungen, die wir uns oben mit Hilfe des Bohrschen Modells von der Serienerregung machten, voraussehen mußte. Die Absorption sollte in der Heraushebung des Elektrons über die Atomoberfläche bestehen. Aus der Optik wissen wir, daß ein von der Atomoberfläche selbst kommendes Elektron in die verschiedensten Bahnen außerhalb des Atoms versetzt werden kann, wodurch eben die scharfen Absorptionslinien der Optik entstehen. Dasselbe sollte auch einem von innen herausgehobenen Elektron erlaubt sein. Freilich besitzen bei ihm, an dem bereits die große Arbeit geleistet worden ist, es aus der Nähe des Kerns wegzuholen, die verschiedenen Bahnen außerhalb des Atoms nur noch geringe Energieunterschiede und deshalb können auch die Frequenzunterschiede, die den verschiedenen Übergängen in diese Außenbahnen entsprechen, den hohen Röntgenfrequenzen gegenüber nur gering sein. Ein genügend gesteigertes Auflösungsvermögen aber mußte sie unterscheiden können und nachweisen, daß die scheinbar so scharfe Absorptionsgrenze in der Tat ganz eng liegende Absorptionslinien enthält. *Stenström* fand diese Erscheinung 1919 an der M-Serie, *Fricke* an der K- und *G. Hertz* an der L-Serie. Der Übergang zum optischen Charakter der Absorption in Linien fand sich, wie wir erwarten mußten, gerade da, wo wir mit der Atomoberfläche zu tun bekommen.

Man darf hoffen, aus dieser Erscheinung noch Schlüsse über die Verhältnisse an der Atomoberfläche ziehen zu können, wenn andere Mittel versagen. Sie muß von diesen

Verhältnissen, — etwa der Zahl der dort anwesenden Elektronen, also dem Ionisationszustande des Atoms —, abhängen und ist dadurch prinzipiell wichtig. *Hier ist nämlich der Punkt, an dem die äußeren Bedingungen, unter denen das Atom steht, auf die Röntgenstrahlenerscheinungen Einfluß gewinnen müssen, die sich sonst allgemein in solcher Tiefe des Atoms abspielen, daß ihnen,* wie wir in der Einleitung hervorhoben, *die Umgebung gleichgültig ist.* Auch diese Erwartung hat sich bestätigt. Im Siegbahnschen Institut hat *J. Bergengren* soeben nachgewiesen, daß die K-Absorptionsgrenze des Phosphors in der Phosphorsäure und in der einen (vermutlich der „weißen") allotropen Modifikation des Phosphors selbst eine deutlich andere Lage hat, als in der anderen („schwarzen") Modifikation. Ammoniumphosphat und Phosphorsäure hingegen stimmen überein, — dem entsprechend, daß (vgl. die im vorigen Aufsatz besprochenen Gedanken) Ladung und nächste Umgebung des P-Atoms hier als gleich anzusehen sind. Man sieht, daß bereits dies Ergebnis nahe daran ist, für den Zustand des P-Atoms in den verschiedenen allotropen Modifikationen einen wertvollen Fingerzeig zu geben: im einen Fall steht er dem Zustand innerhalb des Phosphorsäureanions bedeutend näher, als im anderen.

Die vielfältigen Eigentümlichkeiten der Röntgenserien, die noch durchzuarbeiten sind, wie das Ausfallen erwarteter einzelner Linien, die genauen Zusammenhänge der Frequenzen, die Existenz einer schwachen dritten Gruppe in der L-Serie (*Sommerfelds* „A"-Linien) usf. versprechen noch viele Ergebnisse im einzelnen. Schon jetzt aber sind die Röntgenstrahlen das mächtigste Hilfsmittel geworden, in die Ordnung der Elektronen des Atominneren Licht zu bringen.

Literatur.

Zu 1: Eine deutsche Übersetzung der grundlegenden Arbeiten *N. Bohrs* ist bei Vieweg, Braunschweig, im Erscheinen begriffen.

Zu 2: *N. Bohr*, Phil. Mag. **26**, S. 476. 1913. — *H. G. J. Moseley*, ebenda, S. 1024. — *F. Paschen*, Jahrb. d. Radioactiv. **8**, S. 174. 1911.

Zu 3 bis 6: *W. Kossel*, Verhandl. d. Deutsch. Physik. Ges. **16**. 1914, S. 899 u. 953; 1916, S. 339.

Zu 5: *W. Kossel*, Ann. d. Ph. **49**, S. 229. 1916. — *R. Swinne*, Physik. Zeitschr. **17**, S. 485. 1916. — *J. Franck* und *G. Hertz*, Verhandl. d. Deutsch. Physik. Ges. **15**, 1914, S. 34. (Methode u. Beobachtungen.) Physik. Zeitschr. **20**, S. 132. 1919. (Deutung.) — *W. Kossel*, Zeitschr. f. Physik **2**, S. 470. 1920. (Zusammenhang mit *L*- und *M*-Serie.)

Zu 6: *A. Sommerfeld*, Ann. d. Physik 1916; ferner zusammenfassend, mit Bearbeitung alles neueren Materials: Atombau und Spektrallinien. 2. Aufl. Vieweg 1920. — *W. Stenström*, Diss. Lund 1919. — *W. Kossel*, Zeitschr. f. Physik **1**, S. 119. 1920. — *H. Fricke*, Phys. Rev. 1920. — *G. Hertz*, Zeitschr. f. Phys. **3**, S. 19. 1920. — *J. Bergengren*, Zeitschr. f. Phys. **3**, S. 247. 1920.

Verlag von Julius Springer in Berlin W 9

Das Wesen des Lichts. Vortrag, gehalten in der Hauptversammlung der Kaiser-Wilhelm-Gesellschaft am 28. Oktober 1919. Von Dr. **Max Planck**, Professor der theoretischen Physik an der Universität Berlin. Zweite, unveränderte Auflage. 1920. Preis M. 3.60

Die Iterationen. Ein Beitrag zur Wahrscheinlichkeitstheorie. Von Professor Dr. **L. v. Bortkiewicz** in Berlin. 1917.
Preis M. 10.—

Die radioaktive Strahlung als Gegenstand wahrscheinlichkeitstheoretischer Untersuchungen. Von Professor **L. v. Bortkiewicz**. Mit 5 Textfiguren. 1913.
Preis M. 4.—

Die Atomionen chemischer Elemente und ihre Kanalstrahlen-Spektra. Von Professor Dr. **J. Stark** in Aachen. Mit 11 Figuren im Text und auf einer Tafel. 1913.
Preis M. 1.60

Die Quantentheorie. Ihr Ursprung und ihre Entwicklung. Von **Fritz Reiche** in Berlin. Mit 15 Textabbildungen. 1921.
Preis M. 34.—

Mathematische Theorie des Lichts. Vorlesungen von Professor **H. Poincaré**. Redigiert von J. Blondin. Autorisierte deutsche Ausgabe von Dr. E. Gumlich und Dr. W. Jaeger. Mit 35 in den Text gedruckten Abbildungen. 1894. Preis M. 10.—

Die Naturwissenschaften. Wochenschrift für die Fortschritte der Naturwissenschaft, der Medizin un der Technik. Herausgegeben von Dr. **A. Berliner** in Berlin und Professor Dr. **A. Pütter** in Bonn.
Preis für das Vierteljahr (13 Hefte) M. 30.—

Hierzu Teuerungszuschläge

Verlag von Julius Springer in Berlin W 9

Die Grundlagen der Einsteinschen Gravitationstheorie. Von **Erwin Freundlich**. Mit einem Vorwort von Albert Einstein. Vierte, erweiterte und verbesserte Auflage. 1920. Preis M. 10.—

Die Relativitätstheorie Einsteins und ihre physikalischen Grundlagen. Gemeinverständlich dargestellt von **Max Born**. Mit etwa 129 Textabbildungen: (Bildet Band III der „Naturwissenschaftlichen Monographien und Lehrbücher". Herausgegeben von den Herausgebern der „Naturwissenschaften".) Zweite Auflage. In Vorbereitung.

Der Aufbau der Materie. Drei Aufsätze über moderne Atomistik und Elektronentheorie. Von **Max Born**. Mit 36 Textabbildungen. 1920. Preis M. 8.60

Raum und Zeit in der gegenwärtigen Physik. Zur Einführung in das Verständnis der Relativitäts- und Gravitationstheorie. Von **M. Schlick**. Dritte, vermehrte und verbesserte Auflage. 1920. Preis M. 8.—

Raum — Zeit — Materie. Vorlesungen über allgemeine Relativitätstheorie. Von **Hermann Weyl**. Vierte, er weiterte Auflage. Mit 15 Textfiguren. Preis M. 48.—

Relativitätstheorie und Erkenntnis apriori. Von Dr. **Hans Reichenbach**. 1920. Preis M. 14.—

Das Raum-Zeit-Problem bei Kant und Einstein. Von Dr. **Ilse Schneider**. 1921. Preis M. 12.—

Die Grundlagen der Relativitätstheorie. Populärwissenschaftlich dargestellt von Dr. **Rudolf Lämmel**. Mit 32 Textfiguren. 1921. Preis M. 14.—

Hierzu Teuerungszuschläge

MIX
Papier aus verantwortungsvollen Quellen
Paper from responsible sources
FSC® C105338

If you have any concerns about our products,
you can contact us on
ProductSafety@springernature.com

In case Publisher is established outside the EU,
the EU authorized representative is:
**Springer Nature Customer Service Center GmbH
Europaplatz 3, 69115 Heidelberg, Germany**

Printed by Libri Plureos GmbH
in Hamburg, Germany